U0334101

"十二五"国家重点图书出版规划项目
湖北省学术著作出版专项资金资助项目
世界城镇化建设理论与技术译丛
丛书主编　彭一刚　郑时龄

The City Is The People
Henry S. Churchill

城市即人民

［美］亨利·丘吉尔　著

吴家琦　译

华中科技大学出版社
http://www.hustp.com
中国·武汉

图书在版编目（CIP）数据

城市即人民 / ［美］丘吉尔 著；吴家琦 译.
—武汉：华中科技大学出版社，2016.7
（世界城镇化建设理论与技术译丛）
ISBN 978-7-5680-0758-0

I.① 城… Ⅱ.① 丘… ② 吴… Ⅲ.① 城市规划–经验–美国 Ⅳ.① TU984.712

中国版本图书馆 CIP 数据核字（2015）第 064345 号

Copyright ©1945, 1962 by Henry S. Churchill, first published in the Norton Library 1962, by arrangement with Harcourt, Brace & world, Inc.
Simplified Chinese translation copyright ©2016 by Huazhong University of Science and Technology Press Co., Ltd.
本书简体中文版由W. W. Norton & Company, Inc. 通过博达著作权代理有限公司授权华中科技大学出版社独家出版并在中国大陆地区销售。
湖北省版权局著作权合同登记 图字：17-2015-261号

世界城镇化建设理论与技术译丛

城市即人民
CHENGSHI JI RENMIN
　　　　　　　　　　　　　　　　　　　　　　　　　［美］亨利·丘吉尔 著　　吴家琦 译

出版发行：华中科技大学出版社（中国·武汉）　　　　　电话：(027) 81321913
　　　　　武汉市东湖新技术开发区华工科技园　　　　　邮编：430223

丛书策划：姜新祺　　　　　　　　　　　　　　　　　责任编辑：王丽丽
丛书统筹：刘锦东　　　　　　　　　　　　　　　　　版式设计：赵　娜
策划编辑：张淑梅　　　　　　　　　　　　　　　　　责任监印：秦　英

印　　刷：武汉市金港彩印有限公司
开　　本：787mm×996mm　1/16
印　　张：10
字　　数：238千字
版　　次：2017年11月 第1版　第2次印刷
定　　价：58.00 元

投稿邮箱：zhangsm@hustp.com
本书若有印装质量问题，请向出版社营销中心调换
全国免费服务热线：400-6679-118 竭诚为您服务
版权所有　侵权必究

《世界城镇化建设理论与技术译丛》编委会

主　　编：彭一刚　　郑时龄

编　　委：段　进　　华　晨　　黄亚平　　李保峰

李振宇　　刘克成　　毛其智　　宋　昆

孙一民　　张京祥　　张　明　　赵万民

（以姓氏拼音为序）

作者简介 | About the Author

亨利·丘吉尔（Henry S. Churchill）

　　亨利·丘吉尔是美国建筑师协会院士、美国规划师协会成员，出生于芝加哥，曾在康乃尔大学攻读建筑学。后移居纽约，在此他将建筑与城市规划结合起来，是城市规划领域主要的思想者和实践者之一，并主持开发了诸多大规模住宅项目。他曾与重新安置管理署在绿带城市开发建设方面有过合作，后又担任美国公共住房管理署的顾问。1952 年，他把自己的事务所迁到了费城，并开始着手准备伊斯特维克的旧城改造工程。曾在许多专业期刊上发表过大量建筑与城市规划方面的文章。

序　言 | Preface

　　《城市即人民》原著出版于二战后 50 年代中期，我印象中清华大学建筑系成立伊始，梁思成委托美国耶鲁大学图书馆代订的书目中即有该书。值得注意的是，书成 15 年后，作者基于瑞典、荷兰等欧洲国家及美国的经验增写了**前言**和**结语**，重申**"城市属于它的人民"**这一基本思想，实属点睛之笔。重阅该书结语最后一节所述：

　　　　对于人类的精神生活来说，城市规划有一个重要的衍生品，它可以，实际上非常有可能，带给人们一种充满美感的环境。随着我们对周围环境的认知不断增强，对休闲享受的追求也越来越高，愉悦感已经成为生活中一份宝贵的财富。……

　　回顾 20 世纪 70 年代至 90 年代，联合国高峰会议后，国际城市规划学术思想不断发展，包括我国人居科学的今天，前述思想的重申可谓已起到启蒙作用。这足以说明，对二战后早期经典文库的译介，有助于我国城市规划理论的研究与提高。

　　　　　　　　　　　　　　　　　　　　　　　吴良镛

谨以此书献给亨利·赖特

托莱多的景象

前 言 | Introduction

　　自我写完这书至今已逾十五年了。当看到这本书的重印本时，我感到非常欣慰。我有好多年没有翻阅它了。当再次阅读它的时候，我发现，即便不能用充满智慧之类的字眼来形容它，至少可以说其中的见解是非常坚实有力的。

　　在过去的这些年里，我一直忙碌于城市规划的实际工作，有时我的角色是政府部门的官员，有时是"规划设计顾问"，也有时是评审。对于我在 1945 年时说过的许多东西，我现在的看法改变了很多。至于我的这些修正到底会置我于哪一类，是老朽的保守派，抑或是激进的反对派，我现在还不能确定。其实这也没什么，我认为真正要紧的是，和我同时代的绝大多数人，以及比我年轻一些的大多数人，他们仍然坚持着二十多年前的那些理念。

　　有一个基本的观点，城市是由人民构成的，对于这个观点我丝毫没有改变过。恰恰相反，今天有一个令我担忧的问题，那就是城市规划的方法和程序已经开始扭曲，从民主的社区组织转变为服务于少数人的权力机关。试图以在官僚机制运作中少出错作为衡量满足民众需要的标准，这一点我绝对不敢苟同。我不是一名乌托邦理想的信徒。

　　或许我的担心有些夸张。尽管通过立法手段确立的技术官僚机制控制着局面，包括控制城市的实体形态及经济状况，但是，至少到目前为止，这些控制已经被私人开发商和政府官员用巧思妙想联手破坏殆尽[①]。政治上的腐败总是容易得到纠正，而自以为是的清廉傲慢却不然。

　　归根结底，我在这里要说的是，城市规划就是要重新检验其中一些司空见惯的说法，换句话说，就是要重新检验那些所谓的规划理想和规划目标。在今天现实让这种重新检验变得更加必要。城市蔓延（Urban Sprawl）真的就那么不好吗？对什么人来说不好，又为什么不好？在何种程度上城市实体的衰败是缘于经济的演变呢？反过来说，在何种程度上经济的衰败是缘于城市实体的破败呢？贫民窟不是一种经济现象，而实体的衰败只是经济衰败的一种表象而已吗？如果是这样的话，那么"清理贫民窟"根本就是没有意义的劳民伤财。什么是"城市枯萎"？是什么把人们吸引到这些地方，让人们在其中找到乐趣？显然不是它的"艺术品"和"独特文化"。

　　除此之外，还有许多其他问题。如果城市规划师环视一下四周，他会吃惊地发现，他所奉行的一些金科玉律是多么不真实，而许多传统观念又是多么愚蠢。

[①] 商人靠的是精明钻营，而主管具体工作的政客们则是与金钱利益携手共进。——译者

让人吃惊的是，此类传统规划观念几乎为世人全盘接受，不仅在技术界，而且在行政管理者中间，同时在很大程度上，连普通百姓也认同这些观念。城市规划成为解决一切问题的灵丹妙药。城市里的功能分区（Zoning）几乎是举世遵循的法则；无论"总体规划"（Comprehensive Plan）是什么，只要城市符合这个规划，"总体规划"一词就会让立法机构感到很舒心。五年计划这个概念并不是斯大林的发明，而是那些大公司的保守会计师们的设计。我们也即将有自己的城市事务部（Department of Urban Affairs）。一切向好的方向发展，这就是进步。各种新思想像传统观念一样被接纳，这是接受未来各种思想的前提条件。因此，确保新思想的不断涌现是十分重要的。

新思想都是在对旧有的事实进行全新的观察中产生的。"事实"不仅仅是一堆统计数据，事实是对人们普遍接受的事物的体验。这些数据和体验可以通过不同方式进行解读，并被赋予新的含义。但是这种解读与对它们的量化、数据分析无关，这些数据的量化和分析只是作为论证时的支持材料。数字仍然是过去的那些数字，但是它所服务的对象和目的则有所不同。有时只需要简单地把镜子变形，从凹面镜改为凸面镜就可以达到目的，反之亦然。这种做法很可能将镜面毁坏，导致学术丑闻和政治敌意。自然人们很少这样做。

人们很滑稽地把大规模的城市规划方案叫作"城市更新"，或许因为此类城市更新计划缺乏明显的成功案例，反而激发了新思想、新主意。这也促使学术界的一批老人，包括我自己，逐渐退出舞台。在远处的地平线上，我们看到了新概念出现的迹象，这些新概念不仅体现在城市的实体上，也体现在新的思想方面。有代表性的人物包括威廉·惠顿（William L. C. Wheaton）、让·戈特曼（Jean Gottmann）、亨利·法金（Henry Fagin）、赫伯特·甘斯（Herbert Gans）、维克托·格鲁恩（Victor Gruen）……当然远不止这些人。

对这些人来说，同时对其他人来说，很显然，我们必须面对的绝不是过去的古老城市，而是完全不同的东西。如果说历史上的城市是向后看的，那么大都市则是在向前看。城市仍然属于它的人民。

亨利·丘吉尔
1962 年 1 月于费城

目 录 | Contents

第一章

从前的历史

在城市生活方式的演变过程中，我们正处于一个关键时代的转折点。在全球范围内，大量瓦解性的力量、破坏性的力量处于失控状态；但是同时，人们第一次普遍意识到，这些力量可以被转化为服务于社区的一股建设性力量。当我们在寻找全新的社会和经济模式时，我们同时也在寻找一种新的城市环境。

人们没完没了地谈论"城市开发""总体规划""阻止城市破败的蔓延"及"城市去中心化的过程"。至于它们的实际操作过程、城市的历史延续性等问题，则很少有人真正理解。"事物改变得越多，就越是保持不变。"迫使改变的力量是毫不留情的，但是人们的愿望则保持不变。新的力量在发挥作用，但新力量的意义是人们无法理解的，除非使用旧的概念去说明这些新力量，而且，哪怕仅仅是为了对比，也需要借助于旧的概念。同时，从任何角度来看，新的力量也可能是无法预测的。这种无法预测不应该让我们惧怕去了解它们，反而应该促使我们主动地去寻找答案，因为假如要对我们的城市进行重新规划，我们必须知道哪些部分在变，以及它们为什么会变。

商贸和交流是城市形成的原因。城市从来都是出现在自然形成的商贸路线的交叉点上，而且都是当时的战略要地：克诺索斯，位于爱琴海上的十字路口；摩亨约 - 达罗（Mohenjo-daro）[①]，位于古印度河谷；巴比伦和巴格达；布哈拉和基辅；开罗、雅典、罗马、伦敦、巴黎、纽约、芝加哥、朱诺——这些地方或是位于河边、河口、海岸，或是位于山谷间商路的要冲，抑或是位于丝绸之路、铁路沿途，它们都是天然的运输集散地。与之类似，在一些较小的城市里，当地的市场也是出现在城里的十字路口处，在土地肥沃、盛产农作物的地方，在水流驱动的磨坊附近。

这里出现的思想交流和商品交流是同等重要的。在城市里，只有当思想的碰撞增加了才智，富余的财富催生了享乐，金钱的力量带来了安全感，才会出现进步和文明。从一开始，城市的出现就证明了这一点：

> 城市中的社会进步出现了一种新的形式。相比以往，更多的人住在村寨里，他们彼此之间紧密接触，而城市则是社会交往中的一个大漩涡。器物和商品从不同的角落集中到了一起，并且各种东西重新组合；陌生人不仅仅带来了陌生国度的物件，而且也带来

---

① 摩亨约 - 达罗（公元前 2600 年—前 1800 年），又称"死丘"或"死亡之丘"（Mound of the Dead），是印度河流域文明的重要城市，大约于公元前 2600 年建成，位于今天巴基斯坦信德省的拉尔卡纳县南部。——译者

了新的信息，以及前所未见的信仰；老朋友们也在这里聚会，谈论他们各自听说的新闻和旧闻。在大量物质财富面前的这种不停的碰撞激励了人们去创造更多财富，获得财富，并守住这些财富；有了这些财富，人们才有能力进行各种投资计划，而不仅仅是单纯地继续获取物质财富。因此，城市就成为推动经济进步、社会分工、艺术创作、思想理论创新等各项活动的中心，根植于这些新发展而出现的全新的社会关系也逐步发展成一套全新的政治和经济机制及道德判断标准。[1]

根据考古学家的研究成果，从人类所知的最早的城市开始就有了所谓的城市规划，如印度河谷流域的那些城市、公元前 3000 年至公元前 2000 年幼发拉底河和尼罗河谷的那些城市。这些远古时代的城市一定都是有规划的，因为所谓的城市规划不过是社会对土地使用进行控制的另一种说法而已。在一个人口众多、居住集中的区域里，为了维持一定的社会秩序、政治秩序和经济秩序，必然要对这样的区域进行规划。对于游牧部落来说规划是不必要的，因为陆地草原足够辽阔，他们可以随处支起帐篷。他们不断地寻找牧场草场，而一旦发现了草场便征服夺取，于是形成了一种完全属于"实用型"的社会和政治组织形式，然而这样的形式与城市没有关系，也不讲究行为举止规范。这些在平原上游荡的部落尽管后来也征服过迈锡尼、罗马和基辅，但是他们对关于未来的认识之类的哲学思考不屑一顾，觉得毫无用处。他们想得到什么就会去抢，然后移到下一个目标。已经得到的东西他们就予以保留，保留不住的也就消失了。与之相对应的是耕田种地的小农文化，农民稀疏地分布在大地的表面，他们站在地上，望着天，然后再紧盯着自己的土地，根本不会去关注未来，他们关心的就是脚下的土地和四季的更迭，他们只是期盼着没有人来打扰自己平静的生活，他们辛苦劳作已经精疲力竭，根本没有意愿去考虑把其他事情处理得井井有条。

但是城市居民则不同。正如特纳博士指出的那样，与牧民和农民相比，城市居民最大的不同点在于他们有盈余。为了获取盈余，就需要对未来有预判。在众人都追逐盈余的情形下，而且这些人和自己既没有血缘关系，也不属于同一个部族，这时要想获得盈余就必须事先建立起规则，用这些规则来约束竞争者，也约束自己。这就是社会管理、法制建设的起点，它建立起的秩序完全不同于部落里的军队式管理模式。当一个村落演变为城市的时候，它的范围会由一个边界加以明确界定，这是因为城市必须防止强盗团伙的掠夺袭击，而城里每个居民的居住空间必须加以规范，甚至要比尼罗河谷那些拥挤的农民居住地还要紧凑。每一位城市居民都需要自由地进出自己的居所，去市场商业区，进出城门，更重要的是去水井取水，这些行为都必须得到充分的保证。因此，城市道路和公共广场就不能任由个人随意加以侵占，这些地方为公众所有，也为公众所用。

---

1 《伟大的文化传统》（*The Great Cultural Traditions*），美索不达米亚和印度地区城市文化的兴起（Rise of Urban Culture in Mesopotamia and India）。拉尔夫·特纳博士（Dr. Ralph Turner），麦格劳希尔集团（McGraw-Hill），1941 年。

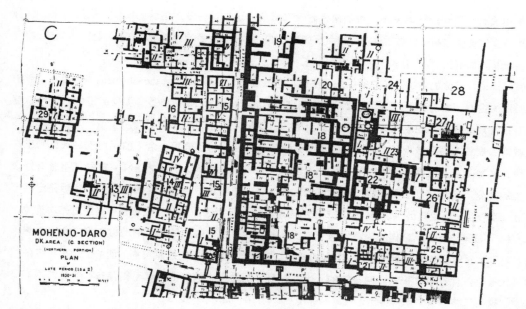

摩亨约 - 达罗城，DK 地区（C 区），北半部，晚期平面图，1930—1931 年。

　　这就要求有组织、有管理。在不少古代城市里，组织和管理已经达到非常高的程度。比如在印度河谷的摩亨约 - 达罗城，它可以追溯至公元前 3000 年。这座城不仅有规则的道路系统，而且社会中不同阶层的人士所居住的寓所的高度也不同，而住宅的高度决定了道路的宽度。这样，一种根据氏族阶层建立的规划体系就形成了。这种体系实际上和今天的规划分区没有什么本质上的不同，穷人住在这个区，中产阶级住在那个区，富人区则是在别的地方，至于黑人和墨西哥人，根本没有地方给他们。摩亨约 - 达罗城还有地下污水排放系统，这是已知最古老的污水排放系统。这个系统把每一个寓所的卫生间污水汇集起来，然后排放出去。这个城里的每一栋住宅都有自己的卫生间，连接这些卫生间的斜槽都藏在墙体里，它的系统设计和中世纪城堡里的排水系统差不多。对于印度河谷里的这座古老城市，我们知之甚少 [2]，但是，毋庸置疑的是，这座城市有着高度组织的社会和卫生设施。最让人惊奇的是，这里没有任何有组织的宗教的痕迹，也就是说没有任何庙宇或教堂，这一点目前还无法解释。这

─────────────

2　印度河谷流域河床文化，其中的摩亨约 - 达罗城和哈拉帕（Harappa）是（现存的）最杰出的实例。这个文化显然应该与尼罗河谷文化、美索不达米亚文化处于相同的地位。考古挖掘工作（这项工作因为战争的阴云而中断）在约翰·马歇尔爵士（Sir John Marshall）及其继任者的指导下终于完成，结果也已经完整、详细、简练地发表出来（《摩亨约 - 达罗城和印度河谷文明》[Mohenjo-daro and the Indus Civilization]，约翰·马歇尔爵士主编，伦敦亚瑟·普罗赛因书局，1931 年；欧内斯特·麦凯 [Ernest J. Mackay] 在印度德里发表的著作，1937—1938）。

座城市也没有有组织的防御设施，也就是说它没有城墙。这也没有令人信服的解释。这是历史上仅有的一些缺少这些明显特征的城池。它们是商贸城市，如同柬埔寨著名的吴哥古城一样，因为气候的改变、河水的干涸，都消失了。

我们知道，其他的古城也是非常组织有序的。迦勒底的吾珥城（Ur of the Chaldees）是圣经里亚伯拉罕时期的古城，大约有 25 万居民。阿玛纳（Tel-el-Amarna）和巴比伦都是有多条街道的大城市，都需要有精心规划的市区组织秩序和有效的政治管控，这样才适合人们居住。

城市的规划布局会持续很久。城市的道路系统和公共空间一旦确定，余下的用地就会被分割成许多小块，为私人业主所拥有。除非有什么大的自然灾害或者社会革命，不然这样的布局就不会有什么根本性的改变。即便是发生了这样的灾害或者革命，城市布局也很少发生巨大的改变。这种稳定性可以追溯到摩亨约 - 达罗城出现之前，这座城市的道路系统实际上因为洪水的毁坏曾经经历过三次重建，但其布局依旧保持不变。这样的稳定性源于与土地所有权息息相关的处于主导地位的保守主义思想。建筑可能因为过时而变得可有可无，也可能被拆除，或者自己坍塌，但是建筑物下面的土地是不变的。在大马士革仍然保留着"一条名叫直街的大街"，尽管恺撒皇帝的宫殿早已不复存在，但是游客们仍然会说"这条马路恺撒当年曾经走过"。[3]

如此说来，除了表面上的一些东西之外，时间并不会改变城市中的任何东西，自然灾害也不会将城市改变太多。罗马曾经被大火烧毁，伦敦也是一样，巴尔的摩和旧金山也都如此。私有土地那不变的布局让尼禄这样有权势的君主都感到力不从心，对于权势不及尼禄的政府来说就更加无能为力了。改变人们生活环境的最大的力量来自于革命，但这种革命行动并不是政治革命，而是经济和技术的革命，随之而来的是社会的调整和战术层面的转变。即便是这类革命性的改变也大多发生在新城市里，而这些新城市都是革命成功后的必然产物。旧城市只是在以前的基础上局部添加一些新的布局要素，旧有的城市结构不可能被彻底清除。直到拿破仑三世时，巴黎仍然保持着中世纪的布局，只有在帕西（Passy）那样的新区布局才有所改变；而事实上早在卢泰西亚（Lutetia）时期之前就出现的高卢岔路直到今天仍然存在，只是道路的中线多少有些偏离最初的位置。欧洲的每一座大城市，从中世纪到现在都呈不变的格局。而那里许许多多规模稍小的城市，它们从罗马人统治时代开始，或者从中世纪形成以来，基本上没有改变，即使有的话，也是微乎其微。

在从公元前 3000 年到 17 世纪末这段漫长的岁月里，无论是城市规划实践本身，还是在对城市规划产生过深刻影响的领域里，没有任何一项技术进步值得一提。这一事实很有意思。

美索不达米亚的地面排水沟和半地下污水排放系统与中世纪城市里的那些系统没有什么本质上的

---

3 关于城市规划总图持久性的有趣讨论，可参见皮埃尔·拉夫丹（Pierre Lavedan）的《城市建筑历史导引》（*Introduction à une histoire de l'architecture urbaine*）中的一节"规划的持久性定律"（la loi de persistance du plan）。

不同，甚至和 19 世纪的城市污水系统也差不多；首都华盛顿特区在 1860 年之前就一直采用地面明沟排水；摩亨约 - 达罗城里的地下排水系统实际上和古罗马的地下排水系统是一样的，只是比它规模小一点而已；而古罗马的地下排水系统和巴黎的地下排水系统基本上相同。雨果的小说让巴黎的地下排水系统成为不朽的传奇。特洛伊的城墙与维罗纳城墙的区别好比海伦和朱丽叶之间的差异。巴比伦城里的街道和新阿姆斯特丹（即今天的纽约）的街道都是泥泞的土路面，到处可见在垃圾中寻找食物的猪，道路两旁都是一些拥挤不堪的砖房子，里面采暖极差，通风糟糕。输水渠或许有一段时间是新的，但是没人敢确定它曾经是新的，因为那是从附近灌溉河沟发展而来的。即便是这样，很少有城市是靠输水渠供水的。取水大多是通过水井，从圣经故事里彼土利（Bethuel）女儿利百加（Rebecca）的时代起到《名利场》（Vanity Fair）里瑞贝卡 • 夏普（Rebecca Sharp）的时代都是如此。

事实上，直到 18 世纪末 19 世纪初，革命性的改变只发生过两次，而且这两次改变因为发生在不同的时间和不同的城市，效果也有所不同。第一次是炸药的发明，在这一发明面前，城墙轰然倒下；第二次是封建主义向重商主义的转变，这个转变使得教会的程序仪式被法庭的程序所取代，从注重天国变为注重现实。我们今天正在经历着新的改变，它让我们从地上又回到了天上，但我们目前还无法判断它会带来怎样的社会变迁。汽车的发明极大地增加了我们在二维世界里的机动性，而飞机在此基础上又增加了一个维度。第一个转变只是在我们熟悉的进步中增加了一定的量而已，而第二个转变则是全新的，是一场革命性的改变，不仅在物质实体、经济体制上有所改变，而且更重要的是心理上的改变。飞行后返回地面的人所体验到的欣喜是其他人所无法了解的，听过漆黑的太空中那精彩韵律的人也不再可能是以前的那个自己。我们已经踏上了征服三维空间的征程，我们也清楚地了解了与第四维度的关系，迟早有一天我们会征服时间。

古代所有的城市都有自己的城墙作为防御手段[4]。但城墙的长短和高矮则有所不同，这取决于城市的地理位置和重要程度，以及城市的财力状况，同时建筑材料也因为地点的不同而有所差异，有的是土坯，有的是砖，有的是漂亮的石头，而有些只有栅栏。在山地城镇里，山头总是最强有力的要塞，是最神圣的地点。神职领袖和世俗官员占据那里，而平民百姓则围绕在四周加强守卫。如果城市变得强大，那么城墙也就随之扩大，雅典、罗马、托里多（Toledo）就是这样的例子。

雅典卫城曾经是一座军事堡垒，后来成为雅典娜的宫殿，成为忒修斯（Theseus）的家，成为司法的法院。卫城的山脚下住着民众，外面有城墙保护，再往外是广阔的田野和橄榄园，艾留西斯（Eleusis）和大海就在不远处。水路上运来的货物要比陆路多得多：从克里米亚运来的麦子、从特洛伊带来的歌声，以及从埃及带来的知识。在城墙外面还有柏拉图的学院，充满哲思的话语在那里诞生。罗马城坐落于罗马七丘之上，也有城墙围护，佃户、农户及卫队守军住在城墙外。罗马人是一帮喜欢城市生活的人，

---

4 如上所述，印度河流域的城市看起来是一个例外。

他们希望在短暂的人生中能够在城里生活，那里有熙熙攘攘的人群及各种舒适的服务；罗马人去世以后都葬在城外阿皮亚古道（Via Appia）旁的墓地。有时，城市规模扩大到城墙之外的平地之上，在战时或是城墙所包围的范围足够大时，市民就有机会被纳入保护范围。

另一类有城墙的城市是沿河岸或者海岸建立的，比如巴比伦、巴黎，以及那些低地国家的城市。随着城市规模的不断扩大，城墙被迁走。通常当原来的旧城墙被推倒，原址上会建起宽大的马路或者公园，它们到今天还存在。有一点必须记住，无论是在规模上，还是在人口数量上，这些城市没有一个属于大型城市。部分原因是，假如面积过大的话，这类城市很难防守。另外部分原因是，当时缺乏必要的技术手段，无法提供大量的水、卫生设施和生活用品。

不管是在山地还是在平原，城市中最突出的建筑物是教堂或者城堡，而城墙则是城市布局的决定性要素。在城里，居住空间拥挤基本上是无法避免的，除非你是有钱有势的人。数量有限的城门决定了城中道路的格局；城中的道路是有意识地设计成这样的，它使得入侵者在攻陷城门之后仍然不能长驱直入地进入城里。城市中的道路都是错位的，因为设计者不希望一座城门直接连接到对面的城门，或者直接进入城市中心，抑或直接连接到要害位置。这样的布局绝对不是偶然，对这一点卡米洛·西特（Camillo Sitte）[5] 曾经明确指出过。这些不规则的布局常常带来一些迷人美丽的空间关系。这样的城市需要人们在三维空间里对它的微妙处进行把握，忽然间茅塞顿开般地领悟到其恢宏的形式。

当人们爬上雅典卫城陡峭的台阶之后，山门（Propylaea）用舒适的阴影迎接人们的到来，阿提卡的阳光帮助人们用眼睛敏锐而精准地捕捉到柱子微妙的错位排列方式，进入人们视野的每一座建筑都不同于他们刚刚看到的前一座建筑。希腊人都是深谙个中奥妙的高手，他们不屑于直白的对称布局。只有中国人比他们更含蓄，在形式方面更富有创造力，也更深刻。北京是最伟大的城市之一，是一个由非常多样化的局部组成的整体，布局如古代青铜器上的图案一般精美，同时又不乏严格的秩序和组合规则。北京是在 13 世纪中期为忽必烈规划建造的，马可·波罗曾经对它做了非常生动的描述，并且用华丽的辞藻加以赞美，就如同柯勒律治的梦境那样奇妙、华丽。马可·波罗对北京的印象极其深刻，他也应该如此，因为当时的欧洲根本没有任何城市能和它媲美。尽管北京城布局中的很多恢宏建筑和庄严秩序由于时间和战争而遭到破坏，但它的基本格局和给人的美好感受都保持不变：这里是一个超级街区，城中主要的道路使中间的居住用地不受交通的干扰，在一个长方形的区域内填充进无限的变化；这里也是一个宏伟的纪念性建筑群，它有一条又长又恢宏的通衢大道，穿过外城的城门，一

---

5 卡米洛·西特，《城市设计的美学原则》（Der Staedte Bau nach seinen Kuenstlerischen Grundsaetzen），维也纳，1901 年。这是关于城市规划艺术的书中较好的一本，遗憾的是直到最近才由查尔斯·司徒华少尉（Lt. Charles T. Stewart）翻译成英文，很快会由莱因霍尔德（Reinhold）出版社出版。还有一个法语版本叫《建造城市的艺术》（L'art de Batir les Villes）。另外还有一本书是根据西特的理论写作而成的，那就是皮埃尔·拉夫丹的《城市建筑艺术的历史》（Histoire de l'architecture urbaine）。

侧有天坛、地坛，然后穿过内城的城门，继续延伸，不久便至更加辉煌的紫禁城，即皇帝的宫殿，最后的高潮就是建于此处最高点的神坛。北京城是按照三维空间尺度来设计的，有两层宫殿建筑，有塔楼，有城门，所有这些都被条理分明地组织起来，为的就是取得预想的效果，那金色的琉璃瓦在普通人家灰瓦的陪衬下显得更加光彩夺目。

中世纪的城市充满了各种戏剧效果。走过一条阴暗的脏兮兮的小巷及其两旁几乎要在空中碰上的房子，然后走进一条宽阔的大街，在前方不远处就是主教大教堂高耸的尖塔。在你走到大教堂之前，会先来到市场广场，或者在转角处看见手工行会的会所。在威尼斯，在你走出一条气味难闻的小巷，穿过一排拱券后，会意外地来到圣马可广场；或者当你从海上过来，从老远的地方就可以看见

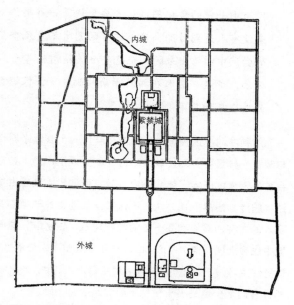

北京：完整的城市总图，显示其中的主要道路和主轴线。本书第 39 页下图为内城的平面图。

广场的标志，那个高大的钟塔。拜占庭时期留存下来的伟大杰作圣马可教堂隐藏在角落里，在你步行到它面前之前，几乎看不到它。它被这里小广场（Piazzetta）的建筑遮挡住了，小广场边上最为显要的建筑是总督府（Palace of the Doges）。当你走在佩鲁贾（Perugia）、罗滕堡（Rothenberg）、萨拉曼卡（Salamanca）、索尔兹伯里（Salisbury）或者布尔日（Bourges）这些城市中的时候，你的眼睛不会疲倦，精神永不会萎靡。之所以如此，绝不仅仅是因为这些城市里的建筑，更是因为城市的规划布局强化了建筑艺术效果，赋予建筑物恰当的尺度和比例，给它们恰当的戏剧化效果，并且让这些建筑获得新的意义和特征。即便是由最卑微的贵族所统治的最平庸的村镇也有自己的重心，有视觉焦点；法国库西（Coucy）城就像一团乌云笼罩着山脚下悲惨的棚户区。

欧洲的小城市、村镇都有一些建筑艺术精品。拉尔夫·亚当·克兰姆（Ralph Adams Cram）这样讲：

> 仅仅通过研究一些大型建筑，诸如凯恩（Caen）修道院、沙特尔（Chartres）大教堂、巴黎圣母院（Notre Dame）、莱姆斯（Rheims）大教堂、亚眠（Amiens）大教堂、布瓦伊（Beauvais）大教堂等，便希望建立起关于中世纪艺术的哲学概论，或者哥特建筑艺术的科学理论，而完全忽视与之不可分割的建造过程和人为因素，这样的做法简直荒唐至极，

因为中世纪的文化艺术从本质上讲是一种集体创作的艺术，而这样的集体艺术是此前从来没有人达到过的高度。这样的艺术不是几个受过专门训练的艺术专家在表达自己理念的尝试中创作出来的，而是整个民族用极其自然而又世代相传的方式创造出来的。换个说法，那是一群人在共同冲动的驱使下，根据各自不同的条件，为了一个共同的目的而创造出来的艺术。[6]

这种冲动、这种直觉是把城市当作一个整体来看待的。在这种集体艺术的表现中，城市自身至少与教堂一样重要，即使教堂不占据主导地位，仍分布在城里的各个角落。当旧城堡主楼不足以满足社会扩展需求的时候，就会被中心教堂所取代，教堂占据了这里的最高位置。这绝非偶然。城市规划者绞尽脑汁，想尽一切办法，不让任何其他建筑与中心教堂形成竞争之势，防御工事的城墙和瞭望塔、富人的大宅、其他次要一些的教堂建筑、住宅群，这一切都不得影响中心教堂作为最高点的存在。在城中也会出现一些次中心，出现一些明显偏离中心的地方，但是，这些都是有意识地分散人们的注意力，以免使主题过于简单明显，或者对主题产生厌倦。如果说那些甘当配角的建筑和区域不是有意识的安排，那么它们至少也是出于一种本能的反应，一种感觉，让城市中的一切各司其职，在城市社区生活中彼此保持恰如其分的关系，并通过城市的空间来体现这样的关系。尽管中世纪城市充满着泥泞和污浊、危险和贫穷、无知和卑躬屈膝的奴性，但它们有两个可取之处：其一是哥特建筑变化多端的形式和美妙样式，其二是城市与辽阔田野的临近关系。

对三维形式的熟练掌握与对二维平面布局的理解，源于以防御为目的的技术因素和交通。防御就是为了防止一群手拿武器的人的进攻。他们手里的武器有弓箭、长矛、攻城锤、攻城塔等，有时这些武器也会用马匹助力。这里弯曲的街道忽然在某处加进来一个开敞空地。这种狭窄、弯曲的街道让不熟悉这里的入侵者无法打斗。当时的交通方式几乎无一例外是步行，只有长途跋涉的旅行者才会骑马或者骑驴。通常从一座城市到另一座城市是靠走路去的，即便是有钱人也是走路；只有在极个别的情况下，执行公务时例外。马车或者其他交通工具根本就没听说过。当人们行走的时候，建筑艺术便获得了自己的意义，建筑是无法被视而不见的。人们有意识或者无意识地对形式和相互关系有所了解，这样的了解对于建筑艺术、对于城市规划都将产生影响。

中世纪城镇做规划是为了满足城镇居民作为个人在使用和生活方面的需求。中世纪的建筑艺术都是祈祷上帝、祈祷来世，是每个人发自内心的虔诚祈祷，每个人都尽自己的能力做贡献，即使不能立

---

6 拉尔夫•亚当•克兰姆，《诺曼底和布列塔尼地区的农场住宅、领主庄园、小城堡和小教堂》（*Farm Houses, Manor Houses, Minor Chateaux, Small Churches in Normandy and Brittany*），建筑图书出版公司，1917 年。同时也参看那些描绘法国和西班牙城市和小镇的特别精美的石版画，这些画分散在多册书里，丛书名为《古老法国的绘画旅行和浪漫记》（*Voyages pittoresques et romantiques dans l'ancienne France*），出版发行于 1820 年至 1860 年，丛书指导为斯弗林（I. J. Severin），巴龙画社（Baron Tavlor）。

即得到回报，也会在来世得到属于自己的回报。如果一座主教大教堂对于托马斯·阿奎那（Thomas Aquinas）来说意味着《神学大全》（*Summa*）的全部内容，那么，对于那些从田间走进大教堂的农民来说，这座教堂就意味着他们小时候坐在妈妈膝上听到的关于耶稣基督的故事现在可以从石券上的雕刻中看见。对于地位正在上升的商人阶层来说，它意味着荣誉和尊重，因为他出资打造的一扇窗户，要比教堂礼拜用的长椅上刻着名字的铜牌更有分量。后来，短兵相接的肉搏战、靠双脚行军打仗的方式被机械式的火炮、纵横驰骋的战马所取代，个人的感受被机械的非人性所取代。这是一种感情、感受的转变，以前的感受是自己是与上帝同在的，是一体的，是关注自己能被上帝救赎的机会有多大，而现在的感受则是一种比较抽象的集体行为，关注的是以国王为代表的国家的命运。游行示威和展示力量不再含蓄，这些活动需要大型空间，需要对称结构一般的明确，同时也需要简洁的形式，这样民众才能够理解。

　　城市和建筑的尺度都在变，从罗马式变为哥特式，再变回文艺复兴式，这样的改变也呼应了个人感受向集体感受的转变。哥特式的尺度是小尺度，很用心地与人的尺度、习惯建立联系。大教堂所获得的那种高大、宏伟的效果，就是通过把局部不断叠加的手法，在一个有限的框架内有意识地把注意力吸引到一处，让人总觉得在眼前这些东西之外还有别的。大教堂在设计时就是有意识地让人们一个局部一个局部地欣赏；教堂内部也是由多层次叠加的，唯一一个完整的视觉效果就是在中央大厅向祭坛望去的那个角度。西特是这样描述的：

> 由于大教堂的外观只表现了中央大厅的室内形式，大教堂经不起从很远的地方整体观看推敲。即便是在图纸上，在包括教堂钟塔的大教堂的侧立面图中，我们必须忽略尖塔的顶端部分才能够完整地欣赏整个设计。一个完整的几何投影图并没有令人满意的外观。所以，哥特大教堂在三个方向上都被几条狭窄的街道围起来，只在一个方向上有一条宽广的道路，把举行宗教仪式的行进队伍和虔诚的民众引到教堂的正面主入口。这非常有利于展现大教堂的整体视觉效果。[7]

教堂是为人建造的，这与人在上帝眼中的重要性是一致的：宇宙的中心是人，每个人的灵魂都是宝贵的，都有自己的特殊性。古典建筑使用了巨大的尺度，在这样的尺度下，简单的局部组成了一个均衡的整体，以至你看一眼，就可以抓住它的全貌。它的宏伟效果来自于它的巨大体型。人是不重要的，众神或国家和每一个人都是不相关的，也不会去考虑人的需求，不管你是谁。阿奎那与但丁（Dante）之间的差异和柏拉图与维吉尔（Vergil）之间的差异具有相似性。古典时期的精神是崇尚理性、分析、比例；而哥特时期的精神是崇尚逻辑、神秘、扭曲变形。今天，在我们的城市民用建筑中根本就没有尺度感，它只是没有任何意义的大家伙，本身就没有意义，对周围其他的元素也没有任何意义。它既不是理性的，

---

7 卡米洛·西特，同前。

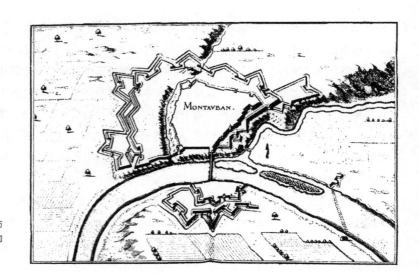

蒙托邦总图：这张图显示了城市防御体系从山顶围墙向周边环形防御工事的发展过程。

也不讲究逻辑，仅仅是机械的。

炮火具有远距离攻击的能力，正是炮火给城市规划带来了第一个重要的改变，是自耶利哥（Jericho）时代以来的第一个重大改变。

巧合的是，这种所向披靡的武器也同时带动了其他具有革命性的重要改变，包括技术的改变和社会关系的改变。

伯纳尔（J. D. Bernal）在《科学的社会功能》（*The Social Function of Science*）[8] 一书中这样说道：

> 在中世纪瓦解之际，一种半是技术、半是科学的盐制品混合物催生了火药的发明，而随着火药的使用，科学和战争之间出现了一种全新的、十分重要的关系。火药的使用给战争艺术带来惊人的影响，同时又通过它影响到经济的发展，而这一发展最终又导致了封建制度的瓦解。战争变得更加昂贵，也需要更多的技术含量，这两种需求则让城镇居民和国王们从中获益，国王通过居民协助来对付那些贵族……

> 火药从许多方面促进了科学的发展。在火药质量的改进、枪炮的制造、射击的准确性等方面的需求不仅为化学家和数学家提供了机会，而且他们提出的问题又成为科学发展的焦点。爆炸的化学过程又带领我们去探索燃烧的性质与气体的特性，在 17 世纪、18 世纪，现代化学理论正是建立在这些领域之上的。在它们的物理性质方面，爆炸这一现

---

8 伯纳尔，《科学的社会功能》，麦克米兰出版公司（Macmillan），1939 年。

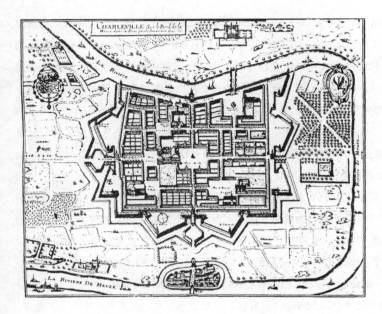

查利维尔总图：一座布满了宫殿、教堂和
修道院的城市——请注意它的开敞空间，
它那精心组织的道路轴线所呈现出的多样
化处理手法。

象又引出对气体体积膨胀的研究，从而衍生出对蒸汽机的研究。当然，有关蒸汽机的想
法其实可以更直接地从加农炮把炮弹抛出去那巨大的作用力中得到启发，可以把这种作
用力充分应用于没有暴力的民用用途。火炮的制作又极大地刺激了冶金和采矿业的发展，
相应地也就促进了无机化学和冶金学科的发展。15 世纪的德国南方和意大利北方是机械
工业、资本主义经济和现代科学的重要基地，它们在技术上的巨大发展在很大程度上要
归功于战争对于枪炮和贵重金属的集中需求。

当然，火炮并没有一下子把城墙摧毁。封建领主的城堡和封闭的城市逐渐放弃了高高的城墙，改
用一种新的防御工事，这种新设计既可以经得住火炮的猛烈轰击，又可以杀伤手拿火枪的来犯士兵。
这些工事不高，背后是一个大土堆， 即所谓的"纵深防御"。这些防御工事并不比过去老式的高大城
墙松散，但是它们的设计需要一种全新的工程技术——事实上，正是在这个时候，"工程师"正式出
现了。工程师是一种不同于艺术家或者建筑师的专业人士，他们最擅长的工作就是建造大型的构筑物，
比如从米开朗琪罗到瓦奥班（Vauban），再到玛吉诺（Maginot）。

与此同时，经济和社会的发展也出现了新情况，最终导致城市内部的布局也有了巨大的变化。商
业活动为很多人带来了前所未有的财富，文艺复兴时期的人文主义思想也让人们把生活重心从教堂和
修道院转移到现实世界的奢侈生活中。来自美洲的黄金增加了货币的供应量，让货币经济成为可能，
为了获得工资报酬，人们可以工作和服兵役。

就在这时，一个意大利人发明了复式记账法（double-entry bookkeeping），这项发明的重要性被忽视了，而这种记账法在诞生之际即得到了一位小魔鬼的助力。沃纳•桑巴特（Werner Sombart）曾经简洁地评论道："追求利润的思想和经济理性主义的思想最初因为复式记账法的发明而成为可能。通过使用这个系统，我们可以紧紧抓住一样东西，即完全量化的价值的增加数量。无论是谁沉浸在这种复式记账法中以后，他一定会忘记那些商品和服务的具体内容和质量，抛弃满足需求这一原则的局限性，满脑子只有一件事，那就是利润；他可能不再去考虑靴子和货柜、食品和棉花，他只考虑价值的数量是增加了还是减少了。"[9]教会浪费了大量的时间在"小人物"伽利略身上，但上帝之城（the City of God）不是被引力定律而是被分类账簿原则（the Rule of the Ledger）打垮的。

由于中央政府权威的加强，商业活动和个人活动得到了更多的保障。联排住宅现在变成了有花园的大豪宅，商店也从原来的住房迁移到了专门的建筑物里。商业和办公业务在不断扩大，类似业务的公司需要彼此靠近。从前学徒都是家里人，现在招收了许多职员。从前的住处也无法继续满足住家和生计的双重需要。乡村住宅出现了，安布瓦斯（Amboise）和希农（Chinon）那样冷冰冰的外墙现在变成了阿赛勒李杜（Azay-le-Rideau）城堡和舍农索（Chenonceaux）城堡这样精巧的外观，斯特罗齐宫（the Strozzi Palace）变成了美第奇庄园别墅（Villa Medici）。有钱人开始使用马车，笨重的火炮安上了轮子，后面拖着装弹药的大箱子，马路因此需要拓宽，道路铺装也必须是坚硬的石头才行。

随着时代的改变，生活变得更加奢华，政府的权力也更加集中，建筑艺术也不得不跟着改变。旅行游历也开始盛行，对于古希腊和古罗马设计的研究与艺术、科学领域里其他学科的发展并驾齐驱。这并不是说，这时的人们对于古老的建筑艺术精髓有了比亚里士多德和盖仑（Galen）更深刻的认识，而只是这些精髓被当作表现当时时代精神的起点。只是到了18世纪后期，人文主义运动进入了新文艺复兴阶段之后，建筑师和建筑理论家才把考古学和艺术混为一谈。

新马路两旁排列着宏伟的建筑，大广场边上立起了气派的对称式大厦，"哥特"一词在这时也被发明出来，用来描述那些过去的东西。大街和宫殿、大公官邸、豪宅和政府大厦、越来越多的财富、奢侈品、便利的生活，这一切让底层民众的生活条件或是不变，或是变得更糟糕。在宽大的马路背后，中世纪的城镇依然如故，没有照明，仍然是泥泞的土路，没有下水管道，到处是乱丢的垃圾，害虫和疾病肆虐。城市在扩大，超越了原来城墙的范围，虽然还不至于蔓延开去，但是紧邻的部分已经不再是开阔的乡村田野；随着人口数量的增加，建筑的密度和不可避免的脏乱差现象也在增加。不仅如此，新的财富、新启蒙运动和新文化大致上也都集中在皇家所在城市和几个重要贸易城市。巴黎、伦敦、阿姆斯特丹、马德里，加上一些略微次要一点的城市，如日内瓦、里昂、南锡（Nancy）、卡尔斯鲁赫

---

9 转引自哈里•埃尔莫•巴尼（Harry Elmer Barnes）的书《西方世界的知识和文化历史》（*Intellectual and Cultural History of the Western World*）。

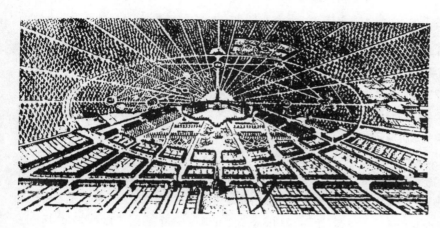

卡尔斯鲁赫：一座王侯级别
的城市，它以宫殿建筑为城
市中心。

（Karlsruhe）、柏林、圣彼得堡，这些城市汇集了富人、有权势的人和野心勃勃的人。"宏伟规划"的方案设计出来了，里面有轴线构图、广阔的景观、深远的对称景观、树木、草坪、喷泉。第一个伟大的城市设计是米开朗琪罗的卡比托利欧（Campidoglio），一个极出色的设计构图，在这之后是多米尼克·封丹纳（Domenico Fontana）为罗马设计的新道路系统。在所有的案例中，最精致的是南锡的斯坦尼斯拉斯广场 – 卡里尔广场（Place Stanislas-Place de la Carrière）；当然，最著名的要数凡尔赛，不是说它的宫殿本身，而是指整座城市。这些设计连同其他的一些设计构成了"巴黎美术学院"学派的城市规划理论基础，这一颠覆性的流派到 19 世纪末期达到了前所未有的高度。文艺复兴时期的城市规划大师们和中世纪的规划师一样，他们都理解建筑和道路的关系，理解高潮的价值，理解局部相对于整体的重要性。而 19 世纪的规划师则不懂这些：他们什么都说不出来，这是非常重要的区别。对于华丽的街道立面背后，也就是平民居住的地方，那里到底是怎样的状况，这些规划师和那位太阳王（le Roi Soleil）路易十四一样，基本上是漠不关心的，好像 18 世纪的两次大革命根本没发生过似的。

对于城市来讲还有一个更为重要的因素，同样也被建筑师所忽略，他们把这些问题都留给工程师去处理。这个重要因素就是工业革命带来的各种科技潜力。矿井边早期蒸汽机的轰鸣声、化学和冶金领域里的新发现和新理论都产生了深远的影响。铸铁和陶土管道用于上下水系统；瓦斯用于照明；抽水马桶和洗澡间；铺装过的马路；铁路：所有这些都是为大量集中的人群提供服务的手段。在卫生领域里的进步有抗菌法，控制不卫生引起的疾病，李斯特（Lister）、帕斯特（Pasteur）、奥利弗·温德尔·霍姆斯医生（Dr. Oliver Wendell Holmes）等人的发现。大批量生产把家庭生产和工厂之间的最后一点联系破坏掉。在世界历史上人口数量以前所未有的惊人速度增加。炮弹用弹片取代爆炸本身来增加杀伤力……帝国主义出现了，还有自由放任（laissez-faire）的概念、民主的概念——每个人根据自己的意愿去选择睡在桥下的权利。

巴黎为城市规划树立了新的风尚。拿破仑三世是一个专制君主，他很明白，暴民在旧的城市里很难被制服。豪斯曼男爵（Baron Haussmann）把这个问题解决了，当然他自己也从中捞取了不少好处。我们已经知道，以大马路为标志的巴黎的创造者就是豪斯曼。他在旧城市里粗暴地切出了这些大马路，这成为有史以来最辉煌的贫民窟清除工程。他把这些大马路修建得又宽又直，并且在所有的战略关键点上把这些道路连接起来，同时建起环路系统，这样部队可以又快又直接地从城市中的一个地方迅速赶往另一个地方。巴黎就这样成了它现在的样子——或者说那时的样子——付出的代价一定让俾斯麦（Bismarck）笑出声了。欧洲主要城市中还没有一个是这样改造的，由于改造后的新巴黎至少是光鲜崭新的，城市也有很大的空间吸引大批游客，这些人把那些脏兮兮的地方看作如画的场景，豪斯曼也因此被誉为伟大的城市规划师。事实上，巴黎的那些伟大闪光之处在他之前就已经存在——古老又充满远大抱负的西岱岛（Ile de la Cité）、罗浮宫－凯旋门（Louvre - Etoile）的景观轴线、开敞的协和广场（the Place de la Concorde）、旺多姆广场（the Place Vendôme）、迷人的卢森堡区（the Luxembourg）、孚日广场（the Place des Vosges）。"外环"林荫大道在改造之前就已经由柯尔贝特（Colbert）建造完成，这个外环的位置就是以前的"林荫道"（boulevarts），也就是过去的城墙脚下。柯尔贝特与商人、地主们达成协议，建造外环林荫大道的费用由这些商人和地主来出，作为回报，柯尔贝特则禁止在城外建造任何新的居住建筑。这项精明的交易所导致的结果是城市的集体住房条件变得更为糟糕，再加上柯尔贝特的另一项发明"入市关税"（octroi），即对所有入城的食品、货物征收入城关税，这些做法在很大程度上引起了1789年的混乱。即便是在柯尔贝特的时代——实际上自亨利四世起——巴黎对于皇家主人来说就已经太大、太难管理了。柯尔贝特的目的也是想控制住城市里的暴民。

城市规划中最本质之处在于城市中固定不变元素间的三维空间关系，豪斯曼在这方面没有任何贡献，或者说几乎没有什么贡献，除了道路没有别的。二维的带状交通系统，在它们背后就是古老的旧城，没错，现在那里的路面已经有了铺装，有了路灯，也有了下水道系统，但是，已经不再适于居住了，从柯尔贝特时代起在很大程度上就已经是贫民窟了。当然，城市中也有很多区域仍保持着中世纪古色古香的特色。

维多利亚时期的大城市没有规划、没有固定形状，而且令人恐怖。中世纪老城中心区周围是劳工居住区，一排接一排的小房子，毫无生气、阴森可怕。房子上覆盖了一层黑煤灰。

新的贫民窟，即现代社会的贫民窟，到处都有，而且还在增长，其增长的速度比豪斯曼或沙夫特斯伯瑞（Shaftesbury）或其他任何人铲除旧贫民窟的速度都要快。过去的贫民居住区域获得了新生，部分原因在于那里美学元素的恒久生命力。那里都是人们曾经引以为傲的地方，是人们真心热爱过的地方。而新出现的贫民窟则乏善可陈。一个贫民窟同另外一个贫民窟没有什么差别，一个街区又一个街区、一英里又一英里，到处都是一个样子，没有任何变化，唯一例外的就是不大受欢迎的冒着浓烟的烟囱。这种情况看起来没有终结，因为那些沉闷的联排住房已经让位于郊外同样沉闷的"别墅"，这些别墅把乡村田野分割成支离破碎的居住区，而且没有任何界限。对此没有人在乎，大家也都爱莫能助。随它们去吧。让别人去做吧。

在许多这类腐烂的城市中，更破旧一点的地区都是最穷的人在居住，这些最悲惨的人甚至就居住在新世界的城市里，这种悲惨的居住状况，连中世纪最悲惨的状况也无法与之相比。正如我们曾经说过的那样，中世纪的城市都很小，乡村从来没有远离过，虽然卫生条件不好，但是有很多精神上的满足。虽然没有照明，但是至少那里还有希望。有不少文章描述了那些令人作呕的工业社会的贫民窟：那些想找到恶心感觉的读者不妨阅读一下对当时的一些描述，比如恩格斯的《英国工人阶级的状况》（*Conditions of the Working Class in England*）；查尔斯·狄更斯的许多作品，尤其是《雾都孤儿》（*Oliver Twist*）和《荒凉山庄》（*Bleak House*）两部作品；雨果的《悲惨世界》；詹姆斯·福特（James Ford）的《贫民窟与公共住房》（*Slums and Housing*）中关于纽约市的许多官方报告。或者也可以亲自拜访一下这些贫民窟，因为在今天，在所有城市中，大多数的贫民窟仍旧存在。

如果说维多利亚时期结束和爱德华七世那表面平静的统治代表了城市生活和城市规划的最低点，服从了通过"量化的方式"为每一项人类活动"赋予量值"的追求，那么当时还有很多逆流正在酝酿，一些颠覆性的思想和技术手段，正如后来所证明的，它们的确是颠覆性的：罗伯特·欧文；傅立叶；卡尔·马克思；拉斯金（Ruskin），第一位把建筑艺术和社会学联系起来的人，他从威尼斯之石背后所寻找的道德品质是社会价值；赫胥黎（Huxley），他透过一片污黑的玻璃，看到在未来的某一天，科学和神学在人类身上汇合了。还有一位名叫克勒克-麦克斯韦（Clerk-Maxwell）的英国人，以及一位名叫吉布斯（Gibbs）的美国人，他们即将用一些"数学公式"带给我们一场全新的革命，而且这些公式比占星家、炼金术士的那些最奇怪的著作还要高深莫测、难以理解，还要更具影响力。这些公式不是先知般的预测，因为它们本身就是未来；它们不会把铁块变成黄金，它们改变的是世界的面貌。

现在到了该审视一下我们自己状况的时候了，我们的状况和欧洲的状况多少还是有些不同的。

第二章

早期的状况

　　美国的城市没有一个是中世纪老城，也没有一个有过如同卡尔卡松（Carcassonne）那样的城墙。从一开始，我们的城市就是开放的、商业性的、自由的。城防只有在偶然的情况下才会出现，是用木栅栏来阻挡印第安人的。

　　正因为如此，这些殖民地时期的城市在布局上同欧洲城市的各个方面均有所不同。新阿姆斯特丹和查尔斯顿的确还保留着一些欧洲城市的防御特征，但是，华尔街到后来成了街道的名称，而查尔斯顿的城堡也没有持续很久。

　　在北方内陆地区，沿海岸的城市除外，主要的经济活动是农耕生产，社会生活相对简单，内容非常有限。社会活动的中心在于强调对待上帝要有正确的态度，对待邻居要保持精明，关注拥有土地的权利，积极参与政治活动，到后来逐渐增加了其他内容，包括接受教育来丰富自己的人生，通过同英国和东方做贸易来获得货物。所有这样的城市都是围绕城市中心公共场地布置的；在这片公共场地之外，旧有的道路系统和地形地貌左右了城市的基本格局。很显然，当时有大量的土地，早期的移民每人都取得了大片土地，这也决定了道路的宽度。当然这种情况总有例外，比如波士顿，它的布局给人的感觉是牛踩出来的[1]，即使这不是事实，起码给人的感觉是这样的。随着城市的发展，原先的那些空地逐渐消失。当时只有富人才有马车，城里也没有任何公共交通，因此人们都希望住在靠近城中心的地方，超出步行距离的大片外围土地变得毫无价值。时常有人成群结队地由原来的城市迁移到其他城市，但是随着人口数量的增加，所有的城市都变得越来越拥挤，原先的那种空间感、空气和人自由流通的感觉也就随之消失了。

　　小城镇，尤其是那些山区的城镇，发展出很有自身特点的美学传统，其中康涅狄格州的利奇菲尔德（Litchfield）就是一个突出的例子。这个例子其实很有普遍性，绝不是个案。利奇菲尔德是在1720年建立的，是从哈特福德市（Hartford）衍生出来的。这个城市是根据规划图纸建立起来的，一共有60块地，每块地有15英亩[2]，出资购买土地的人，在这60块地范围内，根据自己的意愿进行随意切割。教会的传教士和学校校长每人额外再奖励20英亩土地。这些土地中的每一块大体上有500英尺沿着道路布置，主要道路为340英尺或264英尺宽，道路两边是深草丛和榆树，看上去十分气派。住宅当然

---

① 波士顿被称作"牛踩出来的城市"。人开辟的道路都取直，而牛凭直觉，选择它最方便的地方行走，随山就坡，弯弯曲曲，沿着它的坡道散步有种流畅自然感。波士顿人不愿改造起起伏伏的道路，于是留下了"波士顿味道"的道路。——译者

② 因本书为引进版图书，保留了原书的英制单位。1英亩=4046.86平方米，1平方英里=2.59平方千米，1平方英尺=0.09平方米，1英里=1.61千米，1英尺=0.3米。——译者

马萨诸塞州伍斯特市
（Worcester），1839 年。

都是独门独户的，最初都是一些很朴素低调的房子，后来逐渐变成精美的木制豪宅[1]。每一幢住宅都是独立的造型，视觉追求也是如此，与院子附近的树木、栅栏、花园一起，组成一个统一完整的构图。这里 15 英亩的地块后来都进行了进一步的切割和划分，但是利奇菲尔德本身并没有扩张到失去自己空间感的程度。每户都有自己的土地，与周边其他邻居的关系仅仅保持在精神层面上的联系，除此之外切割得干干净净，这样一种概念和认知是美国城市规划最核心的理念。无论这种理念在后来演变成什么样子，但是核心精神没有改变。

　　海边城市纽黑文（New Haven）也是根据规划建立起来的城市。它是一座正方形城市，一条对角线直通海港。这座方形城市被划分成九宫格的布局，中央区域为公共用地。这 9 块地都呈正方形，边长 858 英尺。如同利奇菲尔德、米尔福特（Milford）及其他城市一样，纽黑文的住宅用地也很充足。随着城市的发展，土地被进一步切割划分，而每块正方形的居住区域中也在两个方向上各增加了一条道路，变成 4 个小方块，除了两块地：中央公共用地仅在一个方向上增加了一条道路，即现在的坦普大街；在中央公共用地上方的那块地，也只增加了一条道路，成为今天耶鲁大学的所在地。这种布局一直延续至今，耶鲁大学、几座古老的教堂、公共绿地，一眼望去非常开阔、敞亮，到处都是优美的榆树。其余 7 个方块则延续了划分为 4 个小块的格局，上面的建筑物五花八门，密密麻麻地摆放在一起，没有什么个性特征[2]。在这原始的九宫格之外的“大纽黑文地区”和当时的其他任何一座城市没有什么两样；唯一不同之处在于耶鲁大学没有规划地不断扩张，最后的结果是，一个方块接一个方块的土地都被大学建筑占据了，而且这些建筑一味地仿古，彼此缺少空间上的协调。可以说耶鲁大学的发展

---

1 尽管利奇菲尔德市设立于 1720 年，但是目前现存的房屋都是一代人以后建造的，建于 1750—1800。

2 关于历年来这个过程的图形表示，参见《古老的纽黑文，亦即 9 个方块地图册》（*An Atlas of Old New Haven, or the Nine Squares*）；该图册由迪安·黎曼（Dean B. Lyman）编撰，斯克兰顿公司（Scranton & Co.）出版。

马萨诸塞州斯普林菲尔德市，1839 年。

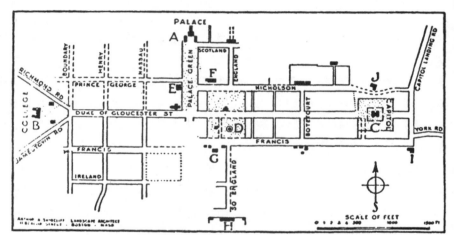

弗吉尼亚州威廉斯堡市平面图。尺度巨大的宏伟规划被缩小到接近人们的生活。

代表了一种错失了的机遇。

在南方，事情的发展稍有不同。那里不是以难民为主，没有民主机制，也没有农业生产组织，而是以贵族为主，贵族有佃农，拥有大型的农场。城镇不是以城镇上的民众集会和教会活动为核心，而是以总督及其参议会为核心，南方的教会也属于英国圣公会系统。新英格兰地区的规划不仅反映了那里居民的特征，而且反映了居民所来自的英国村子和小镇的特征。新英格兰的居民大多不拘礼节，朴实无华，不喜欢装腔作势。而南方的传统主要来自于贵族庄园及贵族们的那些繁文缛节。威廉斯堡（Williamsburg）把这一特点清晰地反映出来。这里有一条主轴线，一端是议会大厦，另一端是威廉玛丽学院（College of William and Mary），总督府设在一条次要轴线上，但是占据了重要的位置。城市的次要道路和集中绿地都是经过精心设计的。这是一个很精巧的空间关系，是一个袖珍版的、人性化的"宏伟规划"。从殖民地时代到最近的整修重建，这期间发生在这座城市中的一切可以说代表了我们在市政工作中所犯过的全部错误。主要街道上堆满了简易的棚子和店铺，遍布着加油站和便利店，根本不管建筑控制线和整体秩序；背后的小路变得衰败破旧，没人打理；居住区乱搭乱建，根本没有任何管控。幸运的是，这座城市的基本格局非常明确，而且优美，因此可以很容易地进行复原整治工作。尽管复原工作仅仅可以找回一些珍贵的要素，但是，它仍然让我们看到了这个国家曾经有过的最精美的小城规划。

南方的其他小城都没有这么漂亮的规划布局，虽然它们也不完全是经过规划设计的，但是这些小城都呈现出某种很形式化的趋势。整洁的宅院与肮脏简陋的寓所所形成的鲜明对比，恰好代表了北方商业化和南方奴隶制的差别。

萨凡纳（Savannah）则是一个很有意思的另类。这座城市是在奥格利特罗普将军（General Oglethrope）的带领下由一批殖民者建立起来的。这些人建城的宗旨就是让它成为"一个实践慈善的地方，一个满足军事需要的地方，一个可以从事农业耕种实验的地方"。它的规划必须满足这三个要求。弗朗西斯·穆尔先生（Mr. Francis Moore）[3] 在 1736 年这样写道：

> 每一个房产主在城里都拥有一块自己的土地，长 90 英尺，宽 60 英尺。除此之外，他们还在中心公共空地之外拥有一块地，或者 5 英亩的菜园地。每十户组成一个组，每一组有 1 英里见方的土地，内部继续分割成 12 个沿路布置的宅基地；这十户中的每一户业主都有自己的宅基地，或者一块 45 英亩的庄稼地，以及两块由城市管理人确认后作为分担公共费用的专门用地。这个城市一共有 240 位业主，城市是为他们规划的……在城市之外就是一些村落，四个村落组成一个城外互助组，一个城外互助组和城里的一个互助组对接。这样编制的作用是，一旦有战事发生，城外的互助组就可以把牛羊牲畜、男女老幼都转移到城里避难。为此，城里的互助组每组都会预留一块方形空地，作为城外的人来这里暂住的营地。

萨凡纳当初是由一种家长式的民主政体管理的。在这里明确限定了土地的继承权，不允许蓄养奴隶，不允许制作出售烧酒、烈性酒。这套制度持续了仅仅 21 年。尽管这种薄荷水酒的影响力还很难评估，但是很显然，这样的民主制度、没有奴隶的治外领地，在同卡罗来纳、弗吉尼亚的大农场竞争中是不可能持续生存下去的。但是，这座城市的规划痕迹还是保留了下来，如城市里规则的道路、令人赏心悦目的开阔地块，这些开阔地块就是当年留作城外村民避难用的营地。

中部的那些殖民地又有不同的故事。殖民地的居民部分是自由土地持有者，部分是大庄园领主，

---

3 转引自《萨凡纳市历史记录》（*Historical Record of the City of Savannah*），由李（F. O. Lee）和阿格纽（J. H. Agnew）合著。

而且他们背景不同，有的是荷兰人，有的是英国贵格教会成员，有的是瑞典人。新阿姆斯特丹是一个污秽不堪、没有任何规划的村子，有很多年，它因为受到所在的曼哈顿岛南端的地形、里斯本纳德草甸（Lispenard meadows）和积水潭（Collect Pond）附近沼泽湿地一类的地质条件的限制，在很多方面同中世纪受到城墙限制的城市很相似。纽约市的规划不是殖民地时代的，而且它的整体布局也是后来规划出来的，这些我们将在以后深入讨论。纽约州北部上州区域的城市和新英格兰地区的城市有些血缘关系，但是缺少公共中央绿地和中心会堂的硬性要求。这里城市的经济形式基本上是商业、贸易货栈、矿业、冶金业、玻璃陶瓦产业和木材加工业。因此城市规划得很大，也很漂亮，但缺少中心焦点。即使在今天，我们也不难发现，在奥尔巴尼（Albany）的丑陋和脏乱与哈特福德的多姿多彩之间、在波基普西市（Poughkeepsie）令人沮丧的形态与佛蒙特州（Vermont）伯灵顿市（Burlington）的美丽迷人之间形成强烈的对比。甚至那些给人感觉相当不错的城市，如欧林（Olean）、伊萨卡（Ithaca）、萨拉托加（Saratoga），都缺少一种市民文化氛围，缺少某种有机的组织结构，而这种文化氛围和有机整体感很明显地存在于一些海岸城市里，如康涅狄格州的庞弗雷特（Pomfret）、新罕布什尔州的汉诺威（Hanover）、佛蒙特州的曼彻斯特（Manchester）。

费城的故事很特别。宾州是一个精明、灵活的州，它把毗邻的特拉华河（Delaware）长长的河岸当成自己的主要出口。宾州，或者确切地说，宾州土地资源厅主任托马斯·霍尔姆（Thomas Holme），在规划设计"友谊之城"（Brotherly Love，费城的昵称）的时候，毫不犹豫地把经纬网格道路从特拉华河一直延伸到斯库尔基尔河（Schuylkill）。这是美国网格状道路体系的第一个案例，从一开始就紧盯着城市土地的增值[4]。城中的地块都比较大，大约400英尺见方，城里的所有道路，除市场大街和百老汇大街之外，都不是很宽。实践证明，这样的地块都不大好用，因为中央留下很大一块地无法通达，最后不得已在地块中间加了一条巷道。从这时起，这一做法就一直是这座城市中的一个弊病。整个城市规划没有什么想象力可言，但是它具有先知般的启示意义。城里每一个街区的每一块土地都与其他任何一个地块没有什么差别，当然唯一的例外就是沿特拉华河岸的地块，因为这些临河地块的商业价值不同。费城被互相垂直的市场大街和百老汇大街分为四个"象限"，每一个"象限"里都有一个"广场"，在两条主要道路相交的十字路口也有一个不小的广场。这个广场在整座城市里有着特殊的位置，是唯一一个能够成为核心焦点的地方，所以很自然地，它最后成为市政府大楼的所在地。费城除了能够证明宾州的远见卓识和对工商业的重视之外，当然还有其他意义。但是这座城市作为人们生活和工作的地方，仍然在品尝着枯燥无味的城市规划所带给人们的苦涩。

在匹兹堡、底特律、芝加哥等城市外围建造的哨所、堡垒，在这些城市有机会成为军事重镇之前就已经被淘汰了。因此，典型的美国城市布局从一开始就这样确立了：独栋住宅、属于自己的地块、

---

4 纽黑文的9个方块规划先于费城的规划，但是它是为了满足自给自足的小农场，而不是将其作为城市来设计的。

没有边界限制的道路网格系统，城市布局走向也没有特定的方向，每一块土地都可以得到充分利用。

　　在美国所有的城市规划设计中，最著名的当数首都华盛顿特区。我们必须在这里说一说这个城市。众所周知，这座城市是由朗方少校（Major L' Enfant）规划设计的，而担任他助手的是最优秀的测绘专业人士——华盛顿本人[5]。

　　总的说来，华盛顿的布局与美国格格不入。首先，建立新首都是一个不得已而为之的决定，是在费城或者其他城市无法达成共识的情况下所采取的一个政治折中方案。杰斐逊（Thomas Jefferson）当时或许很清楚，费城或者纽约都因为各自的城市规模及自然条件的限制而无法满足新首都的需求。费城的现状已经证明他当时的看法是多么正确。纽约在独立战争结束时就已经蔓延扩张到1811年版规划图的第10区之外了，就是大约今天的下曼哈顿东侧和格林尼治村的郊区一带。杰斐逊本人由衷地喜欢巴黎，喜欢那种庄严的景象，喜欢在春天里排列成行的胡桃树上的烛光，照亮游行的队伍，以及气派的车队。杰斐逊也可能十分清楚在旁边那些古老街道里，大批的穷人正居住在阴暗和脏乱的环境里。因此他希望新世界的首都有宽阔的马路，有优美的景色，绝对要排除贫民窟。

　　新首都选址是政治妥协的结果。华盛顿原本是一片疟疾滋生的沼泽地，是一些精明投机商人用变戏法似的手法出售给联邦政府的。考虑到以上这些情况，朗方的规划理念可以说的确是宏大并富有远见的。当你了解到，这个规划在一百余年后，不但还没有建成，而且仍让人觉得根本就无法实现，这时你就会知道朗方的设计是多么有远见了。查尔斯·狄更斯、亨利·亚当斯（Henry Adams）、威尔斯（H. G. Wells）都在自己的著作中描写过华盛顿的泥泞道路、到处乱跑的猪、东倒西歪的房子、破破烂烂的市容。在超过一百年的时间里，华盛顿市内到处都是没有铺设路面的泥泞街道，甚至连宾夕法尼亚大道两旁也只有几栋脏兮兮的破房子，以及气味难闻的铺子。中轴线的空地上挤满了宾夕法尼亚铁路公司的车辆，国会大厦孤零零地矗立在国会山上，那里是政府行政部门聚集的城市一角，包括白宫、国务院、财政部等，它们分布在第十六街两侧，逐渐从这里散开，有一部分已经延伸到马萨诸塞大街，并且开始沿着石溪（Rock Creek）蔓延。

　　这一切都和朗方的想法相左。朗方当初认为国会大厦应该是城市中心，而自然增加的住宅区则沿着高坡地块散开。他看到的国会大厦就是从那个角度望去的。但是，因为有人炒作土地，加上政府行政机关大厦，即总统办公室，被社会条件拖了后腿，城市的格局就被转了个方向。只是到了最近，这座城市的每一个街区都盖满了房子。

　　朗方的原始规划设计有不少优点，但是有些地方在埃利科特（Ellicott）调整后的方案中被抹杀了。埃利科特在朗方手下工作，他是一位土地测量师，大概是一位很讲求"实际"的人，后来正式公布并

---

5 参见内容十分丰富的《美国土地的巨大泡沫》（*The Great American Land Bubble*），作者萨克尔斯基（A. M. Sakolski），由哈泼斯出版社出版。

付诸实施的规划图就是他绘制的，但很多人误以为这些图是朗方的原始设计。除了著名的对角线大道与横平竖直的井字格道路网之外[6]，朗方的一个伟大构想是以从国会大厦到波托马河岸的轴线为主轴，而总统办公室则布置在与主轴垂直的次轴上，整个布局结构和威廉斯堡城很相似。与威廉斯堡不同的地方在于，朗方沿三角形的斜边用一条大道——宾夕法尼亚大道，把国会大厦和白宫直接联系起来。这个规划方案是雄伟宏大的，但尺度上缺少参照物，几乎不可能从视觉上取得好效果。但是，它的整体构思在安德鲁·杰克逊总统（Andrew Jackson）时代改动之前还算是完整统一的。杰克逊总统把财政部直接布置在马路的对面，这个举措一下子把朗方的规划全给毁了。在这个城市的规划历史上，还没有哪一个时期是在白宫旁边布置财政部和国务院办公大楼的。

华盛顿的规划还有另一个缺陷，那就是它完全忽略了地形等高线对规划的影响。除了国会大厦的选址考虑到地形之外，其他地方根本没有考虑地面上的自然条件。这导致有些房子和道路坡度的关系非常尴尬，很不方便，也不美观。或许，这样的评论可能有点不疼不痒。正交网格式和对角线式的道路系统在结合到一起以后，带来了双重的效果：一方面形成了一些奇形怪状的地块，另一方面形成了不规则的岔路口。有些岔路口被建成了温馨的街心公园，但是绝大多数的岔路口非常危险，且难于控制车流交通，即便是在当年马车盛行的时期也很难处理交通问题。还有一个更为严重的失误就是，当举行全国性的活动时，在现有的建筑环境中，人们几乎找不到一处完美的场地作为活动的焦点。

到了西奥多·罗斯福时代，政府组织了著名的麦克米兰委员会，其任务就是对华盛顿的城市规划进行梳理，把到当时为止的一切疏忽、偏差和毁坏予以纠正。即使是这样，在城市规划的调整里，对缺乏核心焦点这个问题仍然没有找出解决办法。这个委员会完成了一项了不起的关键性工作，那就是把火车和铁路从主轴线的位置移开，这在一定程度上恢复了这个巨大开阔空间的完整性，同时在修改后的规划图中，不但重新确立了联合火车站（Union Station）的位置，而且也规划出一些公共空间，以便提升民众的观感，如防波堤（Tidal Basin）、华盛顿和阿灵顿之间的桥梁，此外还有其他一些纪念性建筑物。但是，调整后的规划还是没有解决原设计中缺少尺度参照物的问题。这也是可以理解的：麦克米兰委员会的职责毕竟是尽可能地恢复原方案的设计，而不是另起炉灶，重新规划华盛顿。最能代表当时时代精神的建筑师要数麦克金姆（McKim）了。他对建筑用地和建筑群组合效果几乎没有什么改动，只是沉浸在对过去的研究当中，他的工作内容就是对此前的规划设计进行梳理复原。因此，经他复原的华盛顿规划总图不可能超越原来的规划，原规划中的根本性失误也不可能在复原中予以纠正。中央绿地两旁的建筑基本上没有什么效果，因为中央绿地实在太宽了。同时，这个中央绿地过长，不可能取得像香榭丽舍大街（Champs Elysèes）那样的效果。香榭丽舍大街的两端连接着凯旋门（Arc de Triomphe）和罗浮宫。同时，我们不应忘记，香榭丽舍大街的景观没有延续那么长，它在协和广场东

---

6 美国第一个"对角线"结构的规划平面图是安那波利斯（Annapolis），而且只有局部得以实现。

端附近的杜伊勒里宫（Tuileries）就结束了。华盛顿纪念碑位于一块高地之上，它把中央绿地的景观轴线分为两段，如果不是从国会大厦上往下看，你是看不到这个中央绿地纵轴全貌的，所以，图纸上画的效果从来就没有真正实现过。香榭丽舍大街是沿着一个方向升高，而华盛顿中央绿地则是在中间隆起，像一匹单峰骆驼的后背那样。不仅如此，国会大厦从任何一个角度看都无法成为焦点，相对于其他政府建筑物、参议院和众议院办公楼来说，图纸上显示的是以国会大厦为中心，实际情况却是它们彼此毫无关系。联合火车站的位置像是在斜眼盯着国会大厦，这是这座城市最笨拙无聊的设计，不可能找到比它更拙劣的设计了。至于这个车站广场的设计没什么好说的，话说得越少，结果会越好。国会图书馆的选址不是建筑师麦克金姆的错，但是他不应该把最高法院的建筑摆放在现在的位置而使得国会图书馆的选址错误更加突出。当然，麦克金姆并不需要对这两个建筑设计负责。无论他在规划方面有什么过错，他在建筑艺术品位方面却是无可挑剔的。这两座体量巨大的建筑物彼此之间，由于前后边缘的错位变得有些荒唐可笑，而不是粗俗。市中心区，三角地带的开发，虽然地方不大，但都是由一些喜欢浮夸风的建筑师设计出来的浮夸建筑物，既不实用，也不美观。仅仅从城市艺术观点来看，这样的结果也是非常糟糕的。这里的建筑艺术既没有重点，也缺乏统一。建筑上的柱廊也平庸死板，加上建筑物彼此又都有所不同，整体效果上无法取得像英国巴斯（Bath）或者巴黎里弗利大街（Rue de Rivoli）那样的统一。这里集中了大量的公务员，但是停车位明显不合比例，这样的失误是不可原谅的。尽管麦克米兰委员会在当时还不能准确预测这样的需求，但是当这种需求出现的时候，规划就应该及时地做出调整。华盛顿这座城市，不只是在战时缺少组织，它的这种缺失是由发散、没有中心的规划格局所决定的，是它的规划所固有的。二维平面上的宏伟图纸根本无法变成三维的现实。

作为这个悲伤故事的结尾，华盛顿也没能避免出现贫民窟。事实上，这里有全美国条件最恶劣的贫民窟，而有些就非常放任地在国会大厦的阴影里形成。1940 年，华盛顿特区仍有 12% 的居民家里没有自己的卫生间，有 5% 的家庭没有户内卫生间，没有电。以下是关于华盛顿规划的一小段历史，引自华盛顿住房协会的刊物《住房通信》1943 年 11 月至 12 月的那一期。当然这不是从华盛顿纪念碑式的规划入手，而是从社会现状角度关注这个城市。

华盛顿 150 年大事记

以下历史显示了，即便是一个规划完美的城市，当实施规划受到阻碍时，会有哪些事情发生。当市民发现问题时，便会发起抗议，要求予以更改。迫于民众的抗议，政府会派职能部门来负责解决，职能部门便会采取一些行动，但是在抗议声逐渐平息以后，政府的措施便会因为这样或者那样的理由而被搁置。

1789 年——华盛顿、杰斐逊和朗方少校规划了这座联邦政府城市。所有建筑都必须是砖石砌筑的，高度不超过 40 英尺，不低于 35 英尺。广场要大，建筑用地要有足够的进深。增加了巷道。

不允许出现木制建筑。

1796 年——禁止建造廉价木制房屋的规定被暂缓，至 1818 年才开始实行。

1800 年——共有 109 栋砖石建筑、263 栋木制建筑，人们说它们是"悲惨的小棚子"。有很多到 1943 年仍然保留在那里。

1800—1860 年——很多房屋主人在自己的后院尽端靠近巷道一侧盖起佣人房。

1860—1870 年——有 30 000~40 000 名解放了的奴隶进入华盛顿。有些人没经过允许就住在公共空地上，在军营垃圾站搭棚子，还有一些人在巷道里搭建简易房。有些好心的住户注意到简易房的卫生条件很差，就在巷道里建造起砖石的房子，然后很便宜地出租给他们。这样的出租房在低收入家庭群体中很受欢迎。私人经营者发现在巷道里盖房子是有利可图的。

1870 年——国会注意到不卫生的危害，根据法律成立了华盛顿特区健康委员会（D. C. Board of Health），专门负责评估和拆除巷道里的违章建筑。

1870—1880 年——为了图利，巷道里房子仍在被不间断地建造着。巷道居民的数量之大及其对社会的危害继续引发市民的抗议。

1892 年——国会明令禁止在小于 30 英尺的巷道里建造没有自来水和下水道的房子，同时也禁止在没有道路出口的巷道里建造任何房子。委员会的委员们被命令对所有的巷道进行疏通、拓宽并将其改为直巷。

1894 年——委员们被授权，可以把巷道全部改为次要道路。

1897 年——关注公共利益的市民成立了一家公司，参股集资，专门建造服务于低收入家庭的住房。

1902 年——又有一家公司成立了。这两家公司最后都因过高的成本而放弃了贫民窟的改造项目，转为在附近的空地上建造住房。贫民窟的开发利用工作中断。

1912 年——针对柳树巷道（Willowtree Alley）的清理工作，国会拨了 7.8 万美元的专款，将清理后的地块改造成一个户外活动场地。

1914 年——国会颁布禁止令，自 1918 年 7 月 1 日起巷道里的住宅一律予以取缔。该法令的落实执行因为战时住房短缺不得不暂缓。

1922 年——国会发布修正案，允许巷道的住房存在到 1923 年 7 月 1 日。1927 年法院的一项不利判决使这个修正案失效了。

1926 年——评估并决定拆除缺乏卫生条件住房的法律条款因法院的一项不利判决而失去了法律依据，最终贫民窟的房东获胜。在这项判决之前，一共有 5500 栋住房被评估为需要拆除，3500 栋被实际拆除。

1934年——巷道居住法案得以通过，巷道里的贫民窟必须加以清理，住户必须重新安置。每年50万美元、为期10年的专款，计划用于这项工程。第一年的费用以贷款的方式从财政部拨出；第二年只有大约一半的资金，这笔资金是总统通过其他资金渠道解决的。

1934—1938年——国会并没有根据法案的第一项按时批准年度拨款。

1938年——国会批准了一项每年100万美元、为期5年的贷款计划，但是这个承诺并没有兑现。

1938年——法案得到修正，新法案允许A.D.A.组织根据新法案的第二条从联邦公共住房管理局借款。

1943年——巷道居住管理署改名为国家首都住房管理署。该管理署希望把华盛顿小巷里的贫民窟清理工作完成，然后尽快向国会提交一份提案，让该管理署能够继续保留这项工作。

150年后，原先的350个巷道贫民窟中仍然有150个保留在这里。这些贫民窟继续困扰并影响着这里的居民和地产。重建华盛顿的工作延迟太久了。这座联邦城市可以实现华盛顿和杰斐逊的规划设计，成为新世界的伟大都市。

另一方面，华盛顿的公园、众多的开敞空间、姿态婀娜的树木，尽管在改善城市功能方面无能为力，但是在环境方面对挽救这座城市的贡献巨大。在这座城市里，有不少美丽迷人的地方，如白宫、拉法叶广场（Lafayette Square）、位于E大街的老城区、波托马克河岸上的码头，当然还有石溪公园。这些地方都有宜人的尺度，人们的眼睛可以捕捉到它们的美，它们的形式彼此间有一定的联系[7]。

朗方的设计对其他地方的影响都不大好。亚历山大·汉密尔顿（Alexander Hamilton）就曾委托朗方本人对新泽西州的帕特森市（Paterson）进行规划设计。这个城市是汉密尔顿本人特别钟爱的项目，也是美国制造商协会所关注的项目。朗方的设计方案被证明根本不切实际，最后没有实施。讲求实际的人和充满幻想的人之间的关系在那个时候就已经不融洽了。

另外还有两座城市也是根据朗方的放射状布局来规划的。底特律的州长和法官规划方案尽最大可能地把朗方的理念理性逻辑化。它的结构是百分百的蜂房格局，一个严格按照六边形展开的道路结构，在无边的平地上无限地重复。幸运的是，这个规划没有得到实施，唯一例外的就是在市中心区还能找到一些残存的痕迹，你会看到一些角度奇怪的道路，在几个街区之后突然终止，正对着的是那些正交的道路网格系统。布法罗（Buffalo）本来也是按照放射形道路规划的。埃利科特家族的老一代人中有

---

7 关于朗方规划的华盛顿方案，更完整的研究请参看黑格曼（Hegemann）和皮特（Elbert H. Peets）的《城市艺术》（*Civic Art*）一书；关于这座城市今天的需求，参见皮特的众多文章，以及卡斯纳（Alfred Kastner）和其他人的研究成果。国家首都公园与规划委员会主席（Chairman of the National Capital Park and Planning Commission）尤利西斯·格兰特少将（Major General Ulysses S. Grant 3rd）写过一篇文章，非常精彩又简明扼要地叙述了华盛顿城市规划的演变过程。这篇文章发表于1944年3月号《美国建筑师协会会刊》（*Journal of the American Institute of Architects*）。

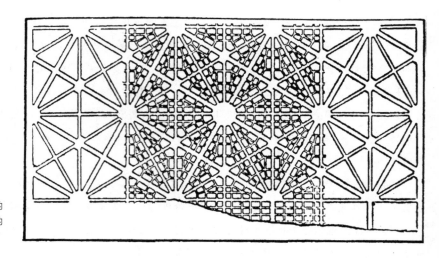

密歇根州底特律市，所谓的
"州长"和"法官"建议的
城市布局。

人曾经和朗方在一起工作过，当他给布法罗做规划设计的时候就尝试采用一些朗方的手法。但他的方案基本上没有得到实施，只有今天市中心区汇集在中央广场的四五条街是那时留下来的。今天的一条主要大街，特拉华大街，道路轴线方向就好像要故意躲过广场一样，新的市政府大楼有机会成为这些汇集到一处的道路的视觉焦点，但是这种效果却被毫不相干的斯坦特勒酒店（Statler Hotel）的体块和颜色彻底破坏了。一个本来可以创建特别精美的城市中心的规划因为缺乏管控就这样被毁了，而对这样重要的地点进行管控是再自然不过的符合逻辑的行为。布法罗和芝加哥一样，错过了充分利用壮丽的大湖沿岸景观的机会。芝加哥后来有机会纠正这个错误，当然代价也极其高昂，但可以拥有世界上最为漂亮的公园和湖岸风光大道。但是布法罗最后决定放弃湖景，甚至连市政府大楼也背对着湖水，到布法罗的外地人甚至都不知道这里有一个壮观的大湖。不仅如此，布法罗对于重工业带来的严重后果并不排斥，就和匹兹堡人对待莫纳嘎拉谷地（Monongahela Valley）的态度一样，这终将酿成灾难。布法罗就像底特律一样，变成了一个废气弥漫、没有特点、混乱不堪、缺少亮点的城市，它失去了所有的机会。

纽约是最早模仿费城布局的城市之一，正式采用井字网格道路系统。官方公布的1811年版的著名规划图就把曼哈顿的规划一直延伸到北边的第155街，单凭这一点就足以看出纽约的雄心和远见，要知道当时的纽约还是一座小城市，人口不足10万，曼哈顿岛大多还是农田和乡村，散落着一些诸如格林尼治（Greenwich）、哈莱姆（Harlem）、布鲁明戴尔（Bloomingdale）之类的村镇。尽管纽约的分期开发步骤还没有具体明确，但是它非常清楚自己的命运走向。1807年，克林顿的蒸汽轮船通航到达纽约州府奥尔巴尼，到1811年，也就是公布城市规划方案的那一年，伊利运河（Erie Canal）获准修建，未来已定。纽约的规划从本质上讲，就是下东部第10区向北的延伸，这一点可以从1797年的泰

勒 - 罗伯特规划（Taylor-Robert Plan）中清楚
地看出。曼哈顿是一个色彩斑斓、异常美丽的
岛屿，和曼彻斯特的一些部分很相似，有石
山、树林，到处是潺潺溪水，有些溪水流到了
沼泽区域。为了让规划中的城市能充分利用这
些自然资源，其实应该对未来进行更多的设想
和展望，对待生活也应该采取完全不同的态度
才对。即便将这些都纳入考虑范围之内，规划
委员会的做法也有点极端。曼哈顿的地形地貌
和道路现状根本没有在规划中予以考虑，甚至

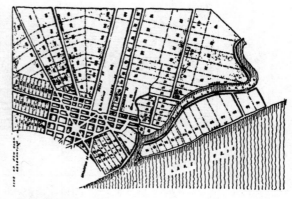

艾略特规划的布法罗总图。

包厘街（Bowery）、布鲁明戴尔街（即今天的百老汇）也在新规划中被完全抹去。这一版规划基本上
就是我们今天看到的城市布局，主要的变动就是增加了中央公园，对华盛顿大街、麦迪逊大街、联合
广场等进行微小改造，以及包厘街和布鲁明戴尔街的一些部分则因为影响过大、无法改变而予以保留。
新规划方案中每一块可以出售的地块都是一样的，而在当时这样的格局提供了最为方便的交通路线，
因为那时主要是连接两河的道路，而不是贯穿全岛上下的道路。从这个角度来看，对于运河街（Canal
Street）以下的城市狭窄道路来说，新规划是一种巨大的改善。它的失败之处就在于它过于单调，没有
地方有机会成为强调的焦点，正如我们曾经叙述过的那样，那时连中央公园也没设立，仅有五个小小
的公园和一条游行大道。这简直是对费城的重复。

　　规划委员会委员曾明确阐述，他们的工作目标之一就是让规划中的每一个地块，无论将来做怎样
的用途都可以适用，他们总的观点在一份报告[8]里表达得非常清楚，部分报告是这样说的：

　　　　值得大家关注的目标之一是了解城市里商业店铺的运营模式和方法，这就是说，我
　　们要了解：这些商业运作是应该限定在网格状的临街店铺里呢，还是采用所谓的改进街
　　道，比如环形、椭圆形、星形道路呢？这些所谓的改进后的道路形状，无论是否使用、
　　是否方便好用，它们的确让规划图丰富了许多。在考虑到这些之后，委员会必须记得一点，
　　那就是，形成一座城市的最主要目的就是为人们提供居住的地方，而两侧笔直、正面正
　　对着道路的房子是建造成本最低的、最方便使用的。这种最简单的、朴实无华的思考所
　　产生的效果是决定性的。

---

8 委员会报告内容，1811 年。转引自费尔普斯 - 斯托克（I.N. Phelps-Stokes）的《曼哈顿岛的标志性形象》（*Iconography
of Manhattan Island*）。

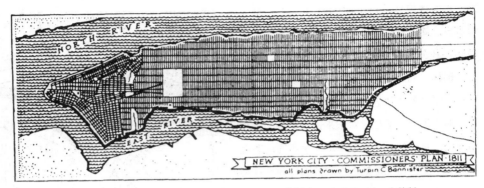

纽约市规划委员会绘制的总图，1811 年，所有规划均由特平·班尼斯特（Turpin C. Bannister）绘制。

城市里只剩下很少的几处空地，而且每一处都不大，它们是留给人们呼吸新鲜空气的，以便保证人们的健康。这对很多人来说可能算是一个意外。假如当初命运让纽约市临近一条小河，比如塞纳河或者泰晤士河，那么大片的空地可能是需要的；但是现在曼哈顿岛是被海洋的两只巨大手臂拥抱着的，这样的位置决定了它的健康和娱乐条件，也决定了它的商业形态、独特个性和快乐宜人的环境。因此，出于同样的原因，当我们看到这里的地价非同寻常地居高不下，我们认为当初更多地根据经济因素所做的决策是恰当的。假如当初的情况有所不同，或许那时的决策会更加审慎和尽职尽责。

除了这种正交网格道路系统之外，没有任何其他的道路系统可以这样从任何审慎研究中胜出：放线定位容易，法律语言描述容易，作为商店使用容易。一块地根据图纸就可以卖掉，不用到现场去看。如果地块上恰好有个深沟，或者有个断崖式落差，或者刚好有一片湿地，那么你只好先认倒霉：若将来某一天这个沟被填平，高坎儿被铲平，湿地变成了干地，则这块地无疑将是纽约最著名的地方！

在费城和纽约规划中那种具有决定性作用的紧迫和令人信服的理由，在自然条件没这么好的其他地方更是无法抗拒的。从美洲大陆开始出现殖民居住地时起，殖民土地的分封都是从海岸开始沿着纬线向正西延伸的。在对阿帕拉契山脉（Appalachians）以西的地方进行测绘丈量时，土地被沿着正东、正西、正南、正北划分，网格的间距为 1 英里或 0.5 英里。所有的土地交易都是以这样的网格生成的"一整块""半块""四分之一块"为基本单位来进行交割；在联邦级别的土地转让中，"四分之一块"是"住宅用地"的基本单位。如果有道路穿过，那么道路一定是沿着 1 英里或 0.5 英里的分割线布置的。这个系统非常简单，它也为城市规划提供了一个简单方便的基础。通常情况下，这也是一个很必要的系统，因为地契早已根据这一系统编写完成，这个法律大框架当然是不能被拆解的。但例外总是有的，如我们前面提到过的底特律中心区、克利夫兰中心区，以及哥伦布斯（Columbus）的国会广场，后者很像殖民地时期的城市布局；此外还有许多小城镇都是根据新英格兰地区传统来规划自己的城市的，尤其在西部保留地（Western Reserve）更是如此。但是，继续向西推进，这些例外就不成立了：芝加哥、丹佛、旧金山，以及从大瀑布、蒙大拿到得克萨斯的达拉斯之间的几百个大小城镇，几乎都是在重复同一个基本模式。

1869 年，《美国建造商》（*American Builder*）杂志刊登了一篇文章，它是这样说的："要说均匀一致的单调，没有任何东西比西部农村乡镇千篇一律的矩形网格更让人感到压抑了。假设一位旅行家在大平原上走了几个星期，游遍了几百座城镇。这些城镇根据各自不同的自然特征调整自身布局，应该形成自己迷人的乡村特征，但是，这些城镇几乎是在重复同一种格局模式，这使得我们的旅行家在回忆时很难记起其中某一座城镇有它独特的个性。"

甚至更早一些，在 1830 年有人撰写了一系列文章，名称为《美国的建筑艺术》（*Architecture in the United States*），这一系列文章发表在那一年的《美国科学与艺术杂志》（*American Journal of Science and Art*）[9] 刊物上，文章讨论了城市规划、城市艺术和建筑艺术。写文章的人一定是一位敏锐又含蓄的评论家，他的话很值得再引述一次，并值得今天的我们去思考，因为精辟的言论总会被重复：

> 在为乡镇或城市选址的时候，需要考虑的问题应当是它的方便、美观、健康。其中第一项从本质上讲碰运气的成分很大，几乎没有什么规律可循，以至我们必须顺其自然，让它们自己关照自己，在这一点上，大自然也从来没让我们失望过；美观和健康这两项由我们来关照，这也是公平的。在我们国家，通常的做法是优先选择平坦的区域，尤其在西部。如果找不到一块平坦的区域，那就通过人工的方式平整出来，通常代价极其高昂……建在平坦区域的城市从来没有一座是可以保持清洁的。泥泞或许可以通过铺设道路来避免，污泥浊水可以借助清洁工的扫帚扫干净；然而，在付出这样高的代价以后，这个地块将会满目疮痍，也会气味难闻。商店、餐厅的垃圾会堆积在这里，马厩也会带来嘈杂声和难闻的气味，废水脏水也会留在区域内无法排掉。大扫除不可能让这里保持干净，而且绝对不便宜，也不可能像一场及时雨把它冲刷一次那样简单。在一座平坦的城市里，这样的冲洗无论如何都是做不到的……
>
> 这样的城市绝不可能成为一座漂亮的城市，我们可以用大理石宫殿建筑来装扮它，可以用象牙和黄金来打造高台，但是到头来，它仍然是一座沉重、昏暗、无聊的城市。

---

9 《美国科学与艺术杂志》，由本雅明·西黎曼博士（Benjamin Silliman，医学博士、法学博士）主持该刊物的编辑工作。1830 年 1 月号。

大家都读过关于巴比伦的描述，那是一座有 60 英里环城道路和 100 座富丽堂皇的城门的城市。如果把城市的平坦程度作为衡量城市好坏的标准，那么巴比伦城是完美无缺的。然而，想到这座城市中一段接着一段毫无变化，谁又不会厌倦这种到处都是一样的东西呢？我们从一条路转到另一条路，结果看到的仍然是同样平坦的道路，没有任何变化。我们向左看，再向右看，两侧都是同样的景象，我们的感觉也跟着麻木了。我们在这样的环境里生活只会有一种结果，那就是变得和它一样无趣。平坦的城市就是如此。现在让我们来看看罗马。简单的一个词组"走上高高的元老院"（in capitolium ascendit），在我脑海里形成的印象无疑和古代罗马人所感受到的一样，这里更多的是一种欢乐的印象，而不是像东方趾高气扬的压抑城市那样，让我们联想起那里的财富、排场、辉煌。罗马城令人感兴趣的秘密有一半来自于它的七座山丘。

……我们可以选择一个好的区域，但是如果用不好，那么好地的一半价值就已经失去了。我们很多城市的所在地实际上是已经给定的了，而且是不能挪动的，但是城市的边界却每年都在变。纽约、费城、巴尔的摩在过去的 20 年里把城市道路里程扩大了 1 倍；其他城市也在迅速扩张，辛辛那提在过去的 12~15 年里，城市道路里程扩大了 4 倍，很多西部城市也是这样。这种趋势还会持续下去，而且未来会持续很多年。

我们在这里的实践也开始形成一种模式，就是基于正方形或者长方形的网格系统。费城就是这样规划的，那是一座很美丽的城市；辛辛那提也是类似的规划手法。我确信，西部绝大多数的城市也是如此，而这样的惯例每年都在扩展。我非常遗憾地看到情况会变成这样，在我们结束这个话题之前，我希望读者也会有同样的感受。人的体验才应该是我们有关讨论的指引依据。

这是在 1830 年。

缺少对于城市舒适度和配套设施的充分考虑、一切都匆匆上马、建造工作的机械过程，这一切无疑都是无法避免的，其结果常常是灾难性的。实际情况也的确是没有时间去考虑其他事项。城市中心的扩张现象从前在世界任何地方都没有出现过，它真的就是在一夜之间突然像雨后春笋般冒出来的。每一座城市在他们眼中都是未来的大都市，他们的主要目的就是要让城市持续增长，卖了再买，买进后再卖出去。土地不是给人落脚生根的地方，只是一个包装好的产品。城镇不是给人居住的地方，而是生财的地方，即便它已经成为一个很繁荣的社区，也很少有人把它看作是卢戈尔斯（Ruggles）所称赞的"人生中最美好的事物"。不仅如此，在那个时候，人们不知道还有其他的城市规划概念，也不知道除了土地测绘员还有别的技术人士，同时大平原的地貌也不需要什么高深的设计技巧。即便给这些人足够的时间，他们是否有足够的技巧去开发出别的什么东西，也很值得怀疑。因为分布在旧金山陡峭山坡上的网格系统好像钉在山坡上一样，它们同山坡沟壑上的耕地垄沟没有什么两样，根本不管地形和等高线，也不管雨水会把下面的土冲走[10]。

在一个伟大的拓展时代，城市的发展取决于当时的社会活动内容。城市规划就是为了保证土地投机这一最重要目的的实现，规划并不关心居住品质、经济增长或者社会福利，因为这些内容在当时根本不被理解。早期的殖民地城镇是一种综合的结果，它反映了美国当时的具体现状，也反映了17世纪和18世纪欧洲的背景和文化，尤其是在欧洲大陆背景下的英国文化。在帝国开始向西拓展的时候，这样的传统已经消失了，仅仅在大西洋沿岸的一个狭窄地区还有所保留。即便在这些地区保留下来的也只是死的传统而已，不再是一种具有生命力的力量。到后来，这种传统又被作为某种寄托了怀旧情感的元素而受到欢迎，人们渴望能再次得到它，但是这时它已经变质了，不再属于这里，已经配不上我们这个拓荒者和建设者之国度的称号。如果说中西部和西部城市的最早一批开拓者因为物质短缺和知识贫乏不得已才接受了网格状道路体系是铁一般的事实，那么内战之后的居民则是被另外一种金属——黄金的力量所驱使，他们严格按照清教徒的教条行事，认为人生的唯一事情就是努力工作，唯一的回报就是积累财富。正是在这个时期，克莱蒙（Clemens）、布雷克罗克（Blakelock）陷入绝望，亨利·詹姆斯（Henry James）和惠斯特勒（Whistler）移居英格兰，还有很多其他人只能沉默。城市问题根本排不上日程。

所以，在那种网格状结构中生活的方式就这样被确立了。城市中一条主要大街随之出现，这是一条宽宽的马路，两边商店铺面都有一个装饰前脸，设有门廊遮阳，为了方便顾客还配备了拴马桩。居民区的道路也够宽，但是并没有完全铺上路面，路边有草、有树，房子从路边后退很远，和殖民地时期的城镇一样。这些都是独栋住宅，各家前院的草坪都连成一片，后院是各自的马棚和厕所，所以住户之间都由院墙清楚地分隔开来。后来城市扩大，布局方式不但没有改变，反而得到强化。商业区在继续扩大，建筑变为4到5层高，采用的主要建筑材料是砖。居住区街道两旁则是被分割成狭窄长条的地块，房子也变小，最终互相联在一起，成为联排式住宅，而后院的围墙也是一家连着一家，用高高的木板围起来。有钱的居民这时就开始搬到地块大一点的地方去居住，他们的住宅也开始浮夸，这里一个尖顶，那里一个角楼，或者一个塔楼；特别有钱的人家的豪宅在院子周围竖起锻铁的栅栏，因

---

10 我们注意到有趣的一点，17世纪发行的那些用精美铜版画来表现城市平面图和景色的图书，在表现山城周围的环境时，都显示出当时利用等高线来进行规划的方法。见翟勒-莫利安（Zeiller-Merian）的作品，尤其是乔恩·布劳（Jon Blaeu）于1697年完成的精彩作品《萨沃伊公爵殿下所属领地一景》（*Tooneel der heerschappyes van zyne koninglyke hoogheyd den hartog van savoye*）。以上这些刻画17世纪城市的铜版画及好多其他类似的作品其实都是战争发展的直接结果。这些画都是间谍情报战中提供城市防御现状的情报，翟勒的作品就是用德国人所特有的严谨把整个欧洲都刻画了一遍。这些版画成为艺术品完全是偶然的。这或许使我们联想到，惠斯特勒被免职就是因为他在大地测量（Geodetic Survey）时，试图采用相同的精度进行测量。

马萨诸塞州洛维尔市，1839
年。位于洪泛区的工业厂房。

为石头院墙被认为不够民主，而这种锻铁栅栏在起到围挡作用的同时还可以让人投来羡慕与嫉妒的目光。这时的城市已经开始有了污水处理系统、中央供暖系统、柏油路面及威尔斯巴赫灯（Welsbach light，煤气灯）；铁路出现在城里，还有工厂；"贫民区"开始蔓延，简易棚在铁路的一侧逐渐增多。

土地产权是神圣的。"谁也无权告诉我应该怎样处理我的土地。"工厂和仓库的选址完全根据地价来决定，哪里便宜就去哪里。通常是在河水冲积的地带、溪水流过的沼泽地附近、工业废弃物可以简单丢弃或排放的地方、铁路岔道可以进来的地方、移民工人住房容易建造的地方。至于说这些工业最终还是要污染河水的，没关系，不予考虑；湖岸景观被毁坏，像芝加哥那样，没关系；低洼地势会被洪水淹没，像匹兹堡、辛辛那提、洛维尔（Lowell）等城市，也没关系；至于那些意大利劳工移民、中欧劳工移民、头发抹得锃亮的那些工人的健康和命运，以及他们孩子的健康和命运，也没关系。铁路穿过城市中心，占据大片土地作为编组站、货场，火车头发出巨大的声响像打雷，冒出浓浓的烟雾像炼钢厂。市中心区越建越高、越建越密，有些高楼看上去快碰上了。公寓楼取代了联排住宅，有轨电车让城市可以继续向外延伸，城外的副中心开始出现。小镇变成了大城市，随着城市不断扩张，城市之间原有的小镇逐渐消失了。市政配套服务也跟着不断扩大，污水排放问题现在成了十分尖锐的问题，污水处理场必须立即兴建；垃圾处理场的建造也刻不容缓，而垃圾处理地原先是在城外的，现在已经进入市区了；饮用水污染已经超出安全程度，所以新水源必须尽快找到，饮用水净化处理工厂也必须立即建造才行，否则就得去很远的地方引水。市民在城市照明、城市清理、道路铺设、市图书馆、市公园、学校条件等方面，有越来越多的要求；他们对警察局、消防队的要求也开始增加。同样，医院、监狱、社会福利保障设施及新的市政办公楼的建设，也必须同时跟上才行。

经济在继续扩张。城市规模在人口普查的十年之间变为原来的两倍、三倍。每个人都知道过去第十街和榆树街的路口曾经是距离市中心很远的"上城"。每个人都听说自己的叔叔或者堂兄大概已经搬过三次家的故事，他以前有自己的住宅，就在现在第一国家银行所在的位置，而且大家都在责备他"出售得太仓促了"。芝加哥帕尔默公馆（Palmer House）的酒吧地面铺的是美元银币，摆放的痰盂都是黄铜的。

超级富豪则希望通过慷慨捐赠来证明自己是好人，他们大量地捐地建公园，以及各种公共用途的建筑。他们到海外大肆收购有纪念意义的古董，比如来自巴黎大街、伦敦海德公园、柏林菩提树下大街（Unter den Linden）和意大利宫廷的古董。他们自己已经被深深地打动了，但不是像亨利·亚当斯那样被哥特艺术的神秘感和发人深省所打动，而是被那些柱子、穹顶的气势、傲慢所打动。他们在缺少城市艺术的地方，尝试着通过大规模的城市建设项目去模仿这些柱子和穹顶，借此来表现自己的力量。

大量移民从原先的河床地带如潮水般涌进旧居民区，拥挤和贫困伴随着经济的封建主义和财富的不断增加而变得日益严重。城里出现了漂亮的城市型住宅，同时也出现了大型的廉租房。简易的立柱和棚子不见了，树木也不见了，建筑物现在都直接卡在道路的人行道边上。

19世纪末，美国的城市化达到高峰。"经济周期"在循环往复的过程中，上升仍然多过下降，几乎没人会注意到增长中曾经有过的那一点下降。人们相信，土地价值的增长速度要比"整治过程中投入部分"的贬值速度快得多。民众心理上变得越来越迷信"金钱能帮你赚钱"之类的说法，如果你足够聪明的话，那么你本人是用不着工作赚钱的。这种观念的转变引出一个后果就是大家对于抵押权的态度。投在房子上的钱被认为是"被拴住"了，你得把房子抵押出去，让金钱脱身出来发挥作用才对。过去大家普遍接受的忠告、观念保守的认知，是把房子抵押出去是很丢脸的事情，现在这样的观念已经被聪明的想法所替代，即不去抵押贷款显然缺乏创业的眼光。

钢结构摩天大楼的出现也改变了城市面貌。它带给城市的拥堵程度是前所未有的，它带动土地价格的飙升也是从未有过的，因为在同样的地块上，可出租的面积显然大量增多。高楼也变成市民引以为豪的东西，单单是出于这个原因，很多小城市也跟着建造了根本不必要的高楼大厦。在地面水平方向上，马车已经被有轨电牵引车取代了，再后来牵引车又被有轨电车取代。随之而来的还有电灯、电气化。马尔科尼（Marconi）觉得把赫兹（Hertz）的发明拿来申请专利很实用。电气时代已经来临，汽车时代也即将到来。

汽车的发明真正地把城市边界彻底打破了。有钱人立即搬往城外，城市里的很多好房子开始空置。这种趋势因为两个原因而得到强化：一是汽车，它一方面在阻塞城市道路的同时，带来了噪声和废气，另一方面又可以让城市里的居民逃离城市；二是家政服务，由于对移民的限制，造成了城里"家政服务短缺"，一方面是因为"佣人阶层"的停止输入，另一方面是因为工业界提供了更好的就业机会，吸收了大量的人力。这对中上阶层的家庭影响特别大，他们就在郊区建起了方便实用的房子，在这里他们可以享受到崭新的学校和更好的生活配套设施，这让他们觉得自己缴纳的税钱用到了实处。这就使得城里的豪宅空置在那里，开始败落，或者出售给别人变成出租物业。加油站、停车场等设施现在进入到原来的高档住宅区，见缝插针般地在大街两侧陆续建起来了。

在市中心区，电梯的出现催生了超高层摩天大楼，这些高层建筑让老的商务区变得如同废物一般。大街上塞满了汽车——周边村子里的人、农场上的农夫，都开车到城里闲逛，又增加了交通的拥挤。现代拴马桩（即停车计时器）也随之出现了。电子指示牌也一起参与到破坏城市的队伍中来，因为住宅区里的小商店和副中心也开始装上灯箱招揽生意，竞相成为分散人们注意力的东西，容易引起人们的烦躁。重新铺装道路、拓宽道路、增建商业广场、增加停车场，这些必然要付出高昂的代价。同样的高昂代价还包括修建的全国高速公路网，这个系统在成为给汽车制造商补贴的同时，也让城市流失了缴税最多的那一批居民。铁路的电气化加速了人口向许多大城市周边的分散。交通阻塞带来的间接成本的增加开始显性化，工厂开始向外迁移。商业企业也看到了危险警示，它们开始在郊区成立分行、分公司，或者在城乡接合部成立分公司，因为那里可以找到大量的停车空间。

所有这些变化意味着市政的财政收入在流失。城市的税率通常已经被法律限定了，它们发行的公债总是过高，在财政预算方面几乎无法削减政府运行方面的开支。民众已经习惯于某些公共服务，工作人员的数量出于政治上相互帮助的缘故也不能裁减，有些受选民拥戴的民选公仆也提出要求不能裁减工作人员。政府职能部门的增加也是一个沉重的负担，很多部门有的是部分重叠，有的甚至就是重复，它们之所以顽强地保留在那里，唯一的理由就是有人要拿工资。城市被进一步划分为行政区、管辖区、卫生区、人口普查区和学区，同时又被分为镇区、县郡，以及施行水税、排污税、公园管理等的特殊财政区，其中大量地掺杂着百年特许经营店、市政管线的垄断企业，还有困扰着城市的郊区住宅小区里上百块废置空地，以及荒废后没有人使用的商业建筑、弃置物业和贫民窟。

这就是今天城市的现状。它们之所以还能生存下来，正是因为城市实际上就是人民，因为人民喜欢住在城市里，所以才有了城市的存在，而城市瓦解的过程需要很长的时间。实际上，城市是无法被彻底瓦解的。在城市瓦解之前，构成城市的人民就会通过改变城市的模式来形成新的模式，包括物质、经济、政治几个方面，以使城市继续存在下去。

摩亨约 - 达罗城的主要街道：考古挖掘出的一个角落。

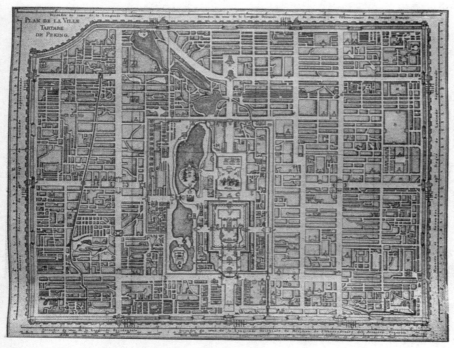

北京，内城总图：城市格局看起来如同青铜器一样精美。

巴兹达特（Butstadt）：城市如同一个市场，1639年。

马萨诸塞州布莱顿市（Brighton, Mass.）：城市如同一个市场，1839年。

维也纳，大约 1630 年。防御工事，亦即今天环城道路的位置。即便在当时，它也是一个密度非常高的城市。

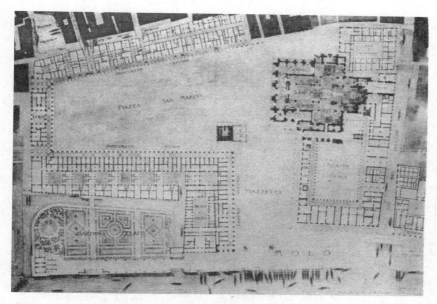

威尼斯圣马可广场。请注意，几个轴线都很小心地回避了中心线。圣马可教堂的穹顶群和广场上的钟塔是从海上就能看到的主要特征，它们在近处就不需要再抢眼，而是成为大广场整体构图的组成部分。同时也请注意小广场里面一侧被加宽，钟塔靠近地面处的门廊（Logetta）向前突出一点，挤进了小广场，而不是被束缚住，这些细节让这个小广场更有意思，也衬托着具有华丽拜占庭（Byzantine）建筑风格的教堂。

罗马卡比多，即"卡比托利欧"——米开朗琪罗的规划杰作。在处理手法上，它比威尼斯的圣马可广场更加直接，充分利用了地形高差，让广场周边的建筑物和入口处的道路形成丰富的戏剧效果。

罗马纳沃纳广场（Piazza Navona）：文艺复兴时期的广场。教堂和方尖碑与对面的道路并不在一个轴线上；广场本身是从道路两侧各自后退而成的。巴洛克建筑艺术所产生的华丽壮观效果实际上来自于广场上那充满动感的活动。

法国维朗德里城堡（Château de Villandry）：冷冰冰的墙面……现在变成了纤巧的美人。

豪斯曼式的巴黎。巴士底广场。这张图片清楚地显示了新开辟的大马路，马路两旁那拥挤不堪的古老区域也十分清晰。右上角是孚日广场。

康涅狄格州里奇费尔德市。
华美的环境……

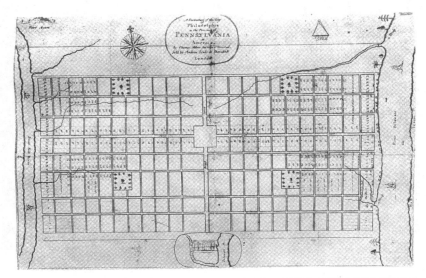

费城规划图。1683 年霍尔姆方案。这里有四个公园和一个公共区（即现在市政府大楼所在的位置）。
这些街区后来都在中间又用巷道进一步划分。目前费城市中心区仍然保持着这样的格局。

1641 年布罗克特（Brockett）的规划图。

1812 年度里托（Doolittle）的规划图。

1929 年的航空照片。

三张图片显示纽黑文市的发展过程，从最初的规划到今天的现状。

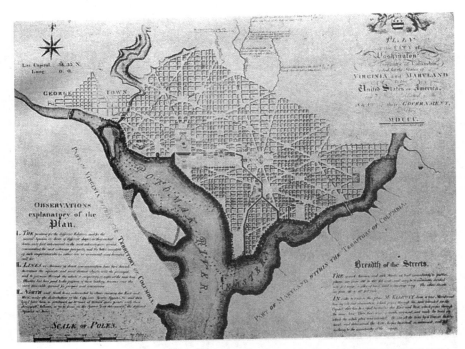

华盛顿特区，1800年。埃利科特绘制的朗方的规划总图。图面表现出强烈的纪念性。平面图的尺度极其宏大，图上各个部分之间的相互关系，人们在城市里是感觉不到的。

纽约州乌提卡（Utica），1807年。"成组"的住宅"组群"和独栋住宅；没有铺装的土路；没有视觉焦点，也没有秩序。与当时很多城市不同，这里的房子都不大，也十分简朴，都压着规划中的建筑红线而建。请注意小镇的水井位置。

纽约州乌提卡，大约 1850 年。城市仍然在扩张。

1890 年的俄克拉何马城。"十月之城"。网格道路系统的顶峰之作。

第三章

方 法

　　总的来说，直到机器生产和工业城市呈现上升之势以前，所有的社会发展和文化发展都是叠加在农民和牧民的文化基础上发展起来的。农民和牧民在生活、工作、行为、死亡诸方面都在重复他们祖先的方式，世世代代没有改变。从新石器时代延续下来的这样日复一日的活动，形成了后世赖以存在的社会秩序、稳定性和财富。在这不断重复的活动中，人们从事着田间劳作、草原放牧，还有无数人从事着简单的手工艺制作，肩扛起生活的重担，一直到最近。我们必须认识到，即便是在最发达先进的工业国家，广大的民众其实就在几代人之前，还延续着至少存在了7000年以上的生活方式。

——特纳《伟大的文化传统》

　　我们已经明白，城市规划在城市发展史上不是什么新鲜事物，在我们这个国家也不是新事物。过去五十年里城市规划表达出来的目的和态度或许和在那之前的不尽相同，有必要在这里简单地回顾一下规划师的态度是怎样的，以及民众对于规划的态度又是怎样的。

　　从1892年芝加哥举办世界博览会开始，民众的建筑艺术意识再次觉醒，他们强烈地意识到城市存在着不足，需要重新规划。这一故事不断地被人重复。白色城市(即芝加哥世界博览会展现的"理想城市")带给人们的不是什么市场价值这类的东西，而是第一次向人们大规模地展示了充满秩序感的古典美。它的设计师是一些接受过巴黎美术学院教育的人，他们曾经在豪斯曼改造后的巴黎生活过，并且热爱巴黎。而这时的芝加哥实际上还只是地球上的一个污点而已，华盛顿也是一团糟，到处是泥泞的道路，宾夕法尼亚铁路穿过国家广场，纽约、费城、圣路易斯及其余的城市也都杂乱无章，没有秩序可言。策划和设计芝加哥世界博览会的人设想的是秩序井然的对称美；美轮美奂的有序排列的建筑，像云雾中的凡尔赛、协和广场那样宏大，像古罗马广场一样气派；头戴真丝礼帽的元老院议员们向马克·汉纳（Mark Hanna）鞠躬致意。这些人觉得这样的场面和形式非常适合今天的美国，因为美国已经从19世纪70年代的灾难中完全恢复了，美国对外立下的誓言就是不甘默默无闻，至少要让全世界都看见自己。工业时代当时达到顶峰，自由放任的不干涉主义是普遍共识，几乎没有人对此提出异议。那时美国有一位名叫路易·亨利·沙利文（Louis Henri Sullivan）的人，他是建筑师，是观察者，是预言未来建筑形状的预言家，是建筑艺术界的托斯丹·范伯伦（Thorstein Veblen）。当时流行的柱式是古罗马时期的科林斯柱式。在一群人云亦云、满嘴陈词滥调的建筑师那里，这种柱式演变成庸俗中的庸俗，变成了代表经济实力和权威的刻板样式。古罗马的权力标志束棒变成了美国化的符号：US$。

不管怎样，对建筑效果的考虑必须从某个地方入手，如果说追求这种效果的起点是有气势的围合式建筑（Court of Honor），高峰则是伯纳姆（Daniel Burnham）的芝加哥城市规划，那么关键还是在规划，以及借助土地来传播的思想。

市民的自豪感自然是来自公共建筑，而城市规划通常意味着市民中心的建筑发展在图纸阶段的样子，通常都是宽敞的大街，两旁依次排列着统一的灰色石头建筑，尽可能地模仿巴黎卡斯提格里奥尼大街（Rue Castiglione）上的建筑样式。重点建筑物上总有一个穹顶，穹顶下面的柱廊一定有山形墙，山形墙上面雕刻的是一些银行的历届总裁，但是都打扮成古希腊人的样子，正在往洲际铁路铁轨上钉上金色的道钉。规划图上一定有喷泉，树木也被修剪成树墙的样子，道路采用大理石铺装。照明的灯柱用狮身鸟首兽（griffins）托起，马利（Marly）雕刻的石马在各个角度让路过的行人惊叹不已。幸运的是，这类东西很少会被批准通过，只在华盛顿或者某一个失控的地方，如哈里斯堡（Harrisburg），有例外。

这个时期的建筑师，除了固定模式的形式主义之外，几乎对什么都不关心，这一点在麦克金姆为弗吉尼亚大学校园所增建的那组建筑中便体现得淋漓尽致。弗吉尼亚大学校园是杰斐逊的喜爱之地，也是杰斐逊的纪念碑。原建筑群是早期的所谓"希腊复兴"样式，这是杰斐逊本人整出来的样式，有点怪异，但是很可爱。图书馆位于坡上的高点，学生宿舍在两旁顺坡而下，整齐排列在树林当中，色彩斑斓、活泼可爱，不那么正式，但十分庄严。在校园的前方，可把远处的河谷、山峦尽收眼底，非常开阔。这是我们国家最优秀的规划和建筑实例之一。当弗吉尼亚大学需要增建新建筑的时候，麦克金姆就在校园里设计了一个，但这是一个毫无生气的建筑，直接堵在轴线开敞的一端。

痴迷于正式布局的排场和纪念碑式的设计，也就是所谓的"大气的规划"，和当时的时代精神还是很吻合的，正如古罗马帝国或者路易十四时代那样。尽管把下面的现象拿来类比可能会有些夸张，但是它们彼此之间存在着某种联系，如卡拉卡拉浴场（Baths of Caracalla）和罗马的贫民窟、凡尔赛宫和巴黎臭气熏天的胡同、宾夕法尼亚铁路车站和东部下城地区。

就在科林斯柱式不断出现的时候，花园城市运动在英国重新恢复生机。英国的埃比尼泽·霍华德（Ebenezer Howard）的理论给人性化的城市规划注入新的生命和意义。花园城市理论以罗伯特·欧文（Robert Owen）的实践为开端，在曼彻斯特规划取得成功、美国印第安纳州新和谐（New Harmony, Ind.）城市规划宣告失败时，便销声匿迹了。印第安纳州新和谐城的实践是欧文于1825年创立的社会主义合作社试验。欧文是一位非常杰出的人物，一位工业巨子和理想主义者，他看到工业的发展带给美国中西部的后果大为吃惊，无法用理性进行解释。他来到美国就是要将自己的社会主义理想付诸实践。当时有很多让人觉得不可思议的荒谬试验，欧文的实践就是其中之一。他曾经准备了一份规划图纸，设想了理想中的工人新村形态。新村在功能方面颇有远见，也有良好的秩序。尽管这类试验从社会学角度来看很有意思，给人以想象空间，但是对城市规划却没有什么实际影响。新和谐城最初建立的时候是沃巴什（Wabash）河畔一个叫拉普派特（Rappites）的神秘宗教团体的居住地。这个宗教团体主张禁欲主义，成员是一群来自宾夕法尼亚州的德国后裔，他们于 1814 年历尽艰辛来到这里，建立起这个和谐镇，过上一种与世隔绝的生活。欧文来到这里后，买下了这个小镇，原居民返回宾夕法尼亚，又有了属于自己的地方——一个名叫经济（Economy）的小镇，这个小镇因为禁欲而自然消亡。这群人是不大讨人喜欢的。欧文在把他们原来的小镇买下的同时，又买下了 3 万英亩的土地，并改名为"新和谐"。这个小城作为一种互助合作式的试验，经过两年的风风雨雨，以失败告终。但是，它后来作为一个普通常规的社区，又持续了很多年，在面对社会问题时采用了很多超越常规的解决方法，同时它也成了不同凡响的新思想交流中心。后期的工作是在他的儿子罗伯特•戴尔•欧文的领导下进行的。

欧文在社会学理论方面的贡献要多过在城市规划方面的贡献。他的许多思想不会对物质层面产生直接作用，其影响在于对土地的管控和使用以造福工人，在于获得整体综合协调的社区。对于工作与居住、教育与实践、经济与政治诸方面相结合的重要性，欧文要比他的前辈们及大多数晚辈们有更清楚的认识。

在内战之前的那段时间里，出现了对盛行的唯物主义、愚蠢残酷、弱肉强食态度的极端回应。新和谐城的邻居早就被遗忘在原野里；在新和谐城的东面，有一些根据傅立叶空想社会主义（Fourierist）建立的"自给自足的公社"（phalansteries），这些公社是经过爱默森（Emerson）及其他人同意成立的；此外还有奥内达（Oneida）殖民地，它是除了犹他州摩门教信徒居住的城镇之外最成功的地方；当然还有著名的一人样板展示区 A，亨利•梭罗（Henry Thoreau）本人。到了 1851 年，出现了一位名叫约翰•斯蒂芬（John Stevens）的人，他组织起一系列的"工业区住宅协会"（Industrial Homes Associations），在纽约市内让住户集体拥有并管理自己的住宅，目的就是要摆脱心黑手狠的房东的无情盘剥。促销的文案读起来有几分像是把恩格斯和亨利•乔治（Henry George）的文章在没有理解的情况下进行混杂而成的。他的这项工作得到了霍勒斯•格里利的赞扬。格里利除了在《论坛报》上刊登过马克思的一些文章之外，基本上就是一个怪人。这类工业区住宅协会一共成立过三个，其中第二个协会最后存留了下来，就是后来的纽约州维农山市。协会本身是一个失败的尝试，没有达到自己的目的，实际上，除了奥内达和摩门教社区之外，所有的尝试都是以失败告终的。这两个试验的成功之处就在于它们从一开始就清醒地认识到，居民之间的合作一定要建立在坚实的经济基础和相同的社会观念之上，居民绝不能是一些仅仅为了获得自己的土地而随意组合起来的群体。在这些失败的尝试中，没有一个事先充分考虑到人们在处理事务中所固有的不确定性。编撰维农山市历史的历史学家约翰•

温特坚（John G. Wintjen）是这样概括的："在最早一批加入协会的居民中，很快出现了土地交换问题（最初的土地是根据划分好的地块自行选择的），而有些人因为交不起后续款项，被迫放弃自己选定的土地，或者把它们返还给协会，由协会再把它们出售出去。"因此，最早的一批居民有很多搬出了小镇，而一些根本不认同社区最早理念的陌生人陆续搬进来。即便是在出让契约中增加了所谓的原主人仍然保留该土地的继承权条款，也仅仅是暂时有些约束力。倒卖土地赚取利润、扩大拥有土地的数量，这样的诱惑实在让人无法抵抗，而在这里拒绝了这样的土地买卖，那么同样的交易就会毫不犹豫地转移到另一个小镇，根本无法阻止。然而，城市的土地由全体市民来掌管，全部的土地按照一定的比例逐步升值，这样的思想是不会消亡的，重复地在上演。埃比尼泽·霍华德重复了它，昨日的绿带城（Greenbelt Towns）运动和今日的"互助公有制"（Mutual Ownership）开发模式，实际上都在尝试着做同样的事情。

　　埃比尼泽·霍华德本来是伦敦的一名公务员，他和欧文一样，无法忍受工业化带来的贫民穷困状态。他写了一本书，最早出版时书名叫作《明天》（*Tomorrow*），后来改名为《明日的花园城市》（*Garden Cities of Tomorrow*）。他在书中详细地罗列了花园城市的细节，绝大多数内容就是今天小城镇规划必须掌握的常识性要点。他本人成为传播他个人乌托邦思想的践行者。不同于社会革命家们提出的乌托邦理想，他的构想都是很具体的，是可以在实践中落实的。他的思路就是把工业区的居民住地放在一片农耕用地的绿带里。他构想的城镇，其规模是在事先已经明确的，规划方案是根据方便、实用原则来制定的，工业、商业、居住是相互支持、融为一体的。如果有需要，就在附近建立另外的"卫星"城，因为紧临的"绿带"是不能被占用的，工业城也不能超过设定好的规模，不能超过设计密度。绿带的功能不仅仅是对城市的一种保护，在霍华德的构想中，那是一片农业耕地，是城市食物的来源地。把它叫作"带状农场"或许比叫绿带更恰当。城镇和城镇之间的联系、城镇和大都市中心区的联系是通过城际铁路来实现的（在他写书的时候，还没有汽车和高速公路的概念）。城市的土地归城市集体法人所有，市政府则由城市居民来管控。与阳光港（Port Sunlight）及其他工业区里的"模范城镇"不同，这些城镇不再是"如同公司那样运作的城镇"。补充一点，所谓的"模范城镇"是工业界以营利为目的的慈善机构，意在使工人满意。萧伯纳（Shaw）曾在话剧《芭芭拉少校》（*Major Barbara*）中，通过对虚情假意和故意欺骗的揭露，十分生动精彩地刻画了一个这样的模范城镇。

　　霍华德的规划原则对于各地的规划师均有深远的影响，同时也影响到一批发起人。其结果是在英国出现了两处这样的城市，一处是莱奇沃思（Letchworth），另一处是韦林（Welwyn），前者的规划师是雷蒙德·昂温（Raymond Unwin），后者的是路易·德·苏瓦松（Louis de Soissons）。这两座小城基本上算是很成功的，尽管它们都没有达到当初设想的规模，也没有引进当初希望的那么多的工业。昂温拓展尝试的那些想法和理念基本上是在英国多处"房产开发项目"上实践的，其中有些项目是政府出资开发的，其他的是私人企业。他的这些想法和理念极大地影响了德国的城市规划，影响了厄恩斯特·梅（Ernst May）、沃尔特·格罗皮乌斯（Walter Gropius）、陶特（Taut）兄弟，还有其他不少人。昂温在晚年有很多年是在美国度过的，通过他在哥伦比亚大学的教学活动、演讲，以及在公共住房政策推出的初期阶段同专业人士和政府官员的座谈，深刻地影响到美国的规划理念。他不停地写书、写文章[1]；他的小册子《超高密度其实什么也得不到》（*Nothing Gained by Overcrowding*）是他对土地使用中密度问题的基本论述，在让社会各界普遍接受一项英国规划标准的努力中，起到了关键性作用。这项规划标准要求在所有新开发项目中（大都会城市除外），规划密度为每英亩十二户。

在土地管控方面的各种尝试必须在"自由放任"的框架下进行，也就是说，各种尝试的发生不是由于立法机构侵犯了土地主人对界限内的土地、地下和天空的权利，而是众人在某种私人团体内出于自愿的彼此间协议，这种私人性质的团体有的是"合作社"形式，如维农山，有的是股份制公司的形式，如莱奇沃思。对于土地的控制是主人自愿的行为，而不是社会通过政府强加给土地主人的。

这并不是说对于公共滋扰行为或者危害健康的行为政府不会采取法律手段，相反自古以来都是如此。很早的时候，纽约市就曾对制胶工厂和皮革工厂的选址有严格规定，但是这样的规定都是明显地针对具体特定的产生危害的工业企业。建筑法规对建筑结构的安全性和防火措施提出具体要求。因此经过多年的演变和完善，政府根据宪法赋予的司法权，为建筑活动奠定坚实的法律基础，目的就是为了保护公共健康、安全和社会福祉。正是依据保护公共福利的基本概念，1916 年美国出现并执行了第一部土地管控法律，这就是纽约市的《建筑用地性质决议》（*Building Zone Resolution*），作为运用司法权的一部分来控制土地的使用和建筑物的规模。这类管控法律规定的执行都是因为长期以来出现了太多的乱开发局面，这种混乱局面已经到了临界点，开始影响到大多数财产持有人的利益，至此政府必须采取必要的手段。

过去曼哈顿下城对于建筑形态没有管控，这让这个区域的建筑比例非常丰富多样，主要是因为钢结构和电梯让很多建筑形态变成可能。最终真正让房地产利益完全实现最大化的一个实例就是纽约市百老汇大街 120 号的公正大厦（Equitable Building）。这是一栋 38 层高的大楼，从百老汇大街到拿骚大街（Nassau Street），没有任何退让，在阳光明媚的冬天里，它形成的阴影可以笼罩 7 英亩的地面。那个地段的百老汇大街有 80 英尺宽，拿骚大街 45 英尺宽，而大楼南北两侧的两条道路，即雪松（Cedar）大街和松树（Pine）大街，每条路仅有 35 英尺宽。很明显，如果再不加以管控，曼哈顿下城商业区的地块即将被毁。同时也有迹象显示，居住区的条件在急剧恶化，因为有商业建筑和工厂建筑侵入居住用地，也有高密度的公寓建筑侵入了低密度独栋住宅用地。

第一部土地分区管理法在纽约市施行，它受到各种法律方面的质疑，但其中备受关注的是一个和

---

1 昂温的主要著作《城市规划实践》（*Town Planning in Practice*）是一本作为标准使用的参考书。

法律没有直接关系的普通问题，亦即法院对这部法规到底持什么态度。因此，这个法规的制订者没有能力去编写出这样一套法律，无论是在过去还是现在。其中问题之一就是它不够严格，比如它为大纽约地区规划的人口数量为 7700 万，而实际劳动力人数更是一个天文数字[2]。至于它提出的控制办法也是非常笨拙的，它没有直接规定密度和体积，而是把相关的问题引到三张地图及一大堆烦冗的法律条文上。新规定又没有和正在实施的《纽约州公寓住房法》（*The State Tenement House Law*）或者《纽约市建筑法规》（*The City Building Code*）等现存法律进行协调。但是，这部新法规却在法院里站住了脚，1927 年美国城市规划全国大会（the National Conference on City Planning）[3]主席在向大会所做的报告中说："有记录显示，人口总数超过 2500 万的城市已经完成了大规模的重新规划，这些城市中的大多数也已经出版印刷了相应的规划文件。规划文件中最多的一类是为规模在 5 万人到 10 万人之间的城市制订的。城市用地分区的规定在 525 座城市中得到应用。390 座城市已经设立了城市规划委员会。"

比这些统计数字更为重要的是下面这段话："在过去的这 20 年里，城市规划工作本身在它涉及的范围和工作特点上都已经发生改变。对基础资料的调查和测量，对真实数据的收集和解读，现在都已经成为做好城市规划工作必不可少的部分。提出任何一个规划设想，它所依据的基础是事实而不是猜测。规划图纸和规划报告一直在不断地完善，质量也有大幅度的提高。城市规划所涵盖的内容也越来越宽，包括了从区域规划到州级的规划，再到国家级的规划。"他在报告中列举了"35 座新城、花园城市、郊区或者卫星城"，包括北卡罗来纳州的比尔特莫尔森林市（Biltmore Forest, N.C.）、佛罗里达州的科勒尔盖布尔斯市（Coral Gables, Fla.）、伊利诺伊州的弗雷斯特希尔市（Forest Hills, IL.）、田纳西州的金斯波特市（Kingsport, Tenn.）、威斯康星州的科勒市（Kohler, Wis.）、华盛顿州的朗维尤市（Longview, Wash.）、俄勒冈州的马里蒙特市（Mariemont, O.）、马里兰州的罗兰德帕克市（Roland Park, Md.）、纽约州的桑尼塞德市（Sunnyside, N.Y.）。这份列表的确是非常多元的。在这份列表之外，还可以再加上一些所谓"战时村庄"（War Villages）的居住区，它们包括位于康涅狄格州布里奇波特（Bridgeport, Ct.）的小区、新泽西州卡姆敦（Camden, N.J.）附近的约克郡村（Yorkship Village），以及纽约州纽堡市（Newburgh, N.Y.）、缅因州巴斯等多处的数个居住区。这些居住区的设计是美国建筑师们力图在设计纪念碑和规划大街立面之外的有益尝试。

这些小镇或多或少都是所谓的"规划设计出来的社区"，是为了居住而设计出来的地方，它们在很大程度上就是为了控制土地的使用。有些社区就是出售空地，开发商仅仅建造了一些商店和公共建筑；

2 人们不得不开始承认，这些人口数量的指标大概是不大可能达到的。纽约市规划委员会在 1944 年提案中对控制性规划进行调整，把人口数量预测降低到 6000 万左右。这个调整是对房地产的重大打击，它引起很多人极大的警觉和关注。
3 《美国城市规划进展二十年》（*Twenty Years of City Planning Progress in the United States*）。

有些社区则把住宅和公寓建好，用以出租或者出售。土地管控办法包括契约限制、房主协会组织管理或者只租不卖。有些物业属于房产炒作，有些是严肃的投资，有些是"工厂生活区"的升华版，但是无论这些城镇的终极命运如何，它们无疑都是为人们的生活而设计的地方，这些城镇的生活可能要比拥挤的城市中心的生活品质好很多。值得注意的是，那些通过贷款或其他组织手段来实现最初对土地控制的城镇，最终成了非常适于居住的地方；而很多城镇则在相当大的程度上任由城镇衰落，或是对违反土地使用性质的行为不加制止，让这些城镇变得与其居住特征不和谐，或是在居住区里引进一些格格不入的内容[4]。正如该作者在他处曾观察到的[5]，

> 现代工业界的"规划社区"，无论是在规模上还是在使用目的上，包含的范围非常广。田纳西州的金斯波特就是一个经过严格规划而设计出来的"商业活动区，其目的就是为了加大铁路系统的吨位，从地产开发中获得可观的利润"，尽可能地吸引更多数量、更多种类的工业企业来这里落户。但是，总的说来，开发公司还是"特别关注……计划经济发展的基本要素，真诚地以人们的利益为指引，有远见，并想方设法确保有后续不断、充足的劳动力供应，而这些劳动力是质朴和有同等待遇的人"。这座城市已经成为一座大型的、完全独立的城市。在华盛顿州的朗维尤市，情况也类似。

> 在天平的另一端则是一种完全不同的模式，城镇完完全全由某家大公司所有或者控制，比如马萨诸塞州的霍普代尔市（Hopedale, Mass.）或者佐治亚州的奇科皮市（Chicopee, Ga.），这些小镇是公司将其作为一种慈善福利而为本公司职工兴建的，它代表了公司为了让职工满意而做出的一种姿态。公司向职工提供的住房和环境条件是其他任何同价位的商品所无法比拟的。

> 在所有这些工业城镇项目里，我们会注意到一点，那就是它们都非常重视环境，营造环境与建造住宅一样用心。除了学校以外，公园、活动场地随处可见。相应的公司积极扶持倡导，有时还会出钱出力帮助建立当地的医院、俱乐部、菜园地，扶持当地小公司。甚至在一些比较大一点的城市里也这样，比如金斯波特、朗维尤、阿尔考（Alcoa）。至于在小城镇里，这些设施常常由主要大公司全部包下来，在居民使用的时候也只是象征性地交一点费用。

---

4 关于这些开发项目的详细分析，参见美国国家资源委员会编制的《城市规划与土地问题》（*Urban Planning and Land Problems*）。

5 《社区的设计和控制：规划小区的一项分析》（*Neighborhood Design and Control: An Analysis of Planned Communities*），亨利•丘吉尔，全国集合式住房委员会（National Committee on Housing），纽约，1944 年。

　　这些工业城及这些项目的实例似乎充分证明了统一并严格控制土地使用这种做法的价值和意义。当把这种控制变为"平常"市政管理模式之后，这些工业城镇项目的市容、整体性质特点就很快失去了，比如金斯波特和朗维尤。而那些由大公司直营的村镇，比如霍普代尔，甚至包括阿尔考（这里有正常的市政府，但是它的土地则依然为公司所拥有），依然可以延续当初规划的优点。

　　有一点需要在这里说明一下，金斯波特和朗维尤这两座城市的人口已经超过 2 万，它们已经是包括各种人口层次的城市了，除此之外的其他所有社区则是从经济上确定了自己所属的社会层次，这同之前讨论过的由于房地产的开发而形成的社区毫无二致，或者说，完全符合政府的预测。这一点我们会在以后另外讨论。在很大程度上，假如没有那些大企业伸出援助之手，这些社区根本不可能成为民众能够接受的居住区。这里面现有的资本投入和社会服务内容根本不是住户的税负所能承担的。

　　在这些规划设计出来的社区中，最为著名的是新泽西州的拉德博恩（Radburn，N.J.），规划设计师是亨利·赖特（Henry Wright）和克莱伦斯·斯坦因（Clarence S. Stein）。这个社区的规划是从霍华德的理论及昂温的实践范例中演变而来的，但是它也包含了一些完全属于自己的全新元素，其中最突出的地方就是它把汽车道路和步行道路完全分离，形成了一种所谓的"超级街区"[6]。在这里，人们第一次认识到汽车是一个必须予以重视并且用新方法加以解决的重要问题；第一次尝试着把起居生活的重心转向自己的内院，尽可能回避噪声；第一次把孩子们的安全作为最为重要的考量标准。过境的汽车道路被放在远离居住区域的地方，只有一些尽端路通往居住区。住宅都背对着道路，面向超级街区的中心区域，这里有通往学校和超市的步行小路，途中会穿越一系列的公园绿地。人们对于这样的布置方式提出的批评是，住宅的前、后两面都没有私密性可言。最近超级街区概念在应用时，通过不同的手段对这个问题进行了改善。超级街区的重要特征是，它不仅为居民提供了安全感，在道路和市政管线的成本方面，它也要比网格状道路系统更为经济，而且对土地的使用也更为合理。不幸的是，拉德博恩这座城市生不逢时，经济大萧条终止了它的成长，也几乎让投资人破产。由于它规划中的那些工业根本就没有机会进入到这里，小城被迫变成了普通的郊区居住地，而不是原来设想中隶属于某一家大企业的工业城。但是，它的规划原则得以继承和延续。

　　亨利·赖特是他那个时代里最伟大的规划师之一。他设计过不少的战时村庄，纽约州纽堡市郊外的小区是这些可爱的战时村庄中最精彩的一个。除此之外，他和斯坦因一起，负责规划设计了桑尼塞德、

6　"超级街区"是比一般普通街区大出许多的街区，这里没有穿行街区的道路。

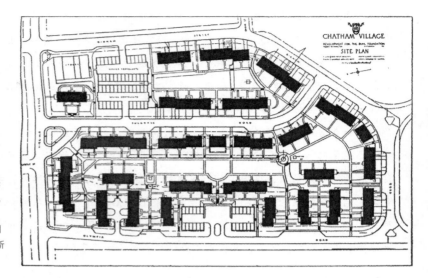

宾夕法尼亚州匹兹堡市查塔姆
村（Chatham Village）规划图。
建筑师是英格汉姆（Ingham）
和白尔德（Boyd）；小区规划
师为亨利·赖特和克莱伦斯·斯
坦因。

拉德博恩及位于匹兹堡郊外的查塔姆村，最后一个项目能够淋漓尽致地展示他的才华，是一项杰出的
设计。桑尼塞德的规划是在城市街区之内进行整体组合的一次尝试，充分发挥潜在的优势，建筑物被
小心地组织起来，把每一户的花园绿地集中汇集在组团的中心。查塔姆村是一个白领阶层的联排住宅
出租物业，位于非常难以进行设计的山坡地块。规划师和建筑师通过自己的精心设计和杰出技艺，把
这个居住区打造成一个非常惹人喜爱的村子。除了经济实用、简洁明了之外，查塔姆村富于变化、优
雅舒适。在由政府重新安置部门主导的绿带新城镇的运动中，赖特发挥了巨大的作用。赖特从不相信
什么"没有最好，只有更好"的格言，他不断地挑战自己，探索新的设计手段和分析方法，他的做法
几乎让同事到了绝望的地步。赖特思维缜密且勤于思考，从建筑物彼此之间的关系中，从建筑物与起
起伏伏的地貌、树木、河流的关系中，他都能敏锐地捕捉到其中微妙的互动效果。他本人不是一位建
筑师，但是他从来都不认为规划和建筑设计是两件不同的事情。他最能发挥自己才华的时候，是在与
志同道合的建筑师合作的时候。在低造价住房的土地规划技巧方面，赖特的贡献非常突出[7]，他甚至
坚信，一位建筑师如果没有在自己设计的第一个住宅项目里住上六个月，那么就不应该给他第二个项
目。他的这一建议如果被采纳的话，那么很多衣服里裹着的东西都会被抖出来。他的过早离世是城市
规划事业的严重损失，因为他本人虽然非常谦逊和腼腆，但是他用自己的方式来表达自己死硬的倔强，
政府部门则怀有敬意地听从他的建议。

7 《重新规划美国城市》（*Re-Planning Urban America*，哥伦比亚大学出版社）是一本技术型的基础参考书。

卫星城建造活动在田纳西州的诺里斯（Norris, Tenn.）和所谓的绿带城镇达到顶峰。严格说来，诺里斯还不能算是一座卫星城，而是田纳西河流域管理局（TVA）为自己所辖区域内在诺里斯大坝工作的人员规划设计的小镇。大坝在诺克斯韦尔市（Knoxville）附近。因为这附近没有任何工业，所以这里仅仅是住宿的地方。它的规划是由崔西·奥古尔（Tracy Augur）完成的，采用了霍华德和赖特的许多基本原则，并根据地形地貌和其他具体条件进行改造，同时这个项目也为结构和组织方面的创新提供了机会。

城市近郊重新安置管理署（the Suburban Resettlement Administration）建造的绿带城镇从许多方面都可以说是罗斯福时代早期最有意义的试验。总共有三座这样的城市：马里兰州的格林贝尔特城（Greenbelt, Md.）、俄亥俄州的格林希尔城（Greenhills, Ohio）、威斯康星州的格林戴尔城（Greendale, Wis.），它们分别临近大都市华盛顿、辛辛那提、密尔瓦基（Milwaukee）。本来还有第四座这样的城镇，那是新泽西州的格林布鲁克城（Greenbrook），设计已经完成，但是由于自由团体（Liberty League）的强行干预，建造工程被迫停止。在自由团体背后指挥的是当地的一位大人物，他通过书面信函的形式向该团体表达自己的愤怒，他绝对不允许在自己那座比美国历史还古老的庄园附近看到任何"意大利劳工和波兰难民"。这些项目是雷克斯福德·盖伊·特格韦尔（Rexford Guy Tugwell）对遥远未来畅想的一部分，这个畅想因为既是特格韦尔的，也是罗斯福的，所以受到双重的指责。

这些城镇同英国的莱奇沃思和韦林比起来并没有体现出任何激进的地方。它们被规划成为社区，在物质、经济、政治方面都有所规划，规划的最终目的是使它们在以上三个方面完全独立：自立、自有、自治，摆脱联邦政府的管控，融进自己所在的州和县，成为正常城镇。它们是美国最早的一批规划城镇，是由从选址到居住等各个方面技术人员集体协作的产物，是经过向房地产人士、土地规划师、经济学家、建筑师、工程师、政治家、法律人士、管理人士、施工队、管理和教育专业人士咨询的结果。甚至在拉德博恩的规划中，技术的提升不得不在相当程度上屈从于传统房地产业的态度，法律问题是最难处理和限制最多的地方，因为这里的房子最后都是要出售的物业。

这些绿带城镇最薄弱的环节是它们不能形成地方工业和增加就业机会。它们的选址都是精心选在工业区附近，但是，像莱奇沃思那样无法使工业在区域内达到预期的设想，像拉特伯恩那样经历失败，像阿瑟戴尔（Arthurdale）及其他城市那样试图挽救"鬼城"的灾难，这些教训让政府相关部门总是小心翼翼地避免重蹈覆辙。总之，区域内缺少工业无疑会成为一个社区完整开发计划的必然缺陷。

从行政管理角度来看，这些新城与普通城市的差别在于，新城中的土地是由城镇作为法人共有的，而不是由每一位住户拥有。土地增值部分完全由城镇拥有，土地使用性质是永久可控的。因此，这种方式是用来避免所谓"股份制"的陷阱。到目前为止，这项承诺好像得到了兑现。

就在大战爆发之前，一种由联邦政府主导的合作模式——"共有住房方案"（Mutual Home Ownership）出台了。它的基本原则还是通过某种合作性质的社会团体（在这个新模式下是通过工人的工会组织出面）来获取土地财产，社会团体通过向住户出售股份来集资兴建。信托人来代理对土地资产管理控制的条件是他们能够在保证品质的情况下降低维护管理的费用。如果住户失业或者生病，信托人要帮助他们处理房租；如果入股的人去世或者搬出，信托人要帮助他们办理股权出让。根据家庭成员的增加和减少对其住房大小进行调整。房屋租金事先已经进行过周全的估算，大家共同来分担这种偶发状况的费用，费用都是根据实际花销来计算的，因此会根据经验的积累进行必要的调整。除了这种安全保证之外，房租还包括了向政府支付的土地出让金、税金、维护费等。四个这样的社区已经由政府负责建造完成，也逐渐开始向社会团体转让。这是一个分步骤完成的过程，它是根据抵押人（政府）和业主（工会）之间的利益比例变动逐步完成的，业主在按揭付款的过程中，他们的财产份额也在增加。至于这些尝试到底能否成功还需要一些时日观察。尽管这里的硬件设施和规划设计都不错，但是它的经济模式中有许多元素还需要进一步研究了解才行。或许这样的模式在这样小的规模上很难取得成功。这和保险业一样，必须有一个很大的群体来分担财务方面的风险，而对于住户来说，居住地点的灵活性也是非常重要的考虑因素，比方说，住户很可能希望能够从卡姆敦的"互助型住房"搬到圣路易斯或者新奥尔良。有一点可以肯定，离开了联邦政府的财政资助（或者一些大型资本集中，比如大保险公司），这种模式是根本不可能的。

以诺里斯和绿带城镇为代表的新城规划实践，在旧城重新规划领域里我们还找不到类似的案例。诺伦（Nolen）说得好，虽然调查研究和收集数据的技术提高了，市政经济与城市扩张、衰败、交通及其他各种现象之间的关系也得到梳理，但是，除了一些极个别的次要细节之外，还没有一个城市真正实现了自己制定出来的那个"规划方案"。在 135 座公开发表过规划报告的城市里，几乎所有的城市都是把报告在市总工程师办公室备案之后便束之高阁、遗忘殆尽。芝加哥、堪萨斯城、圣路易斯，还有其他几个城市算是例外，即便是这些城市，也仅仅完成了几处大型公共建筑而已，至于城市重新规划、振兴衰败的居住区、振兴商业区、处理半停滞状态的工业污染问题，甚至连尝试都没有。一般情况下，城市规划和规划委员会的命运如何，我们可以从乔治·杜德雷·西摩（George Dudley Seymour）的一封辞职信中窥见一斑。他的《致纽黑文城市规划委员会的辞职信》写于 1924 年，当时他已经担任委员会委员有十年之久。西摩辞职的理由是：尽管依据法律，规划委员会的工作就是"强制执行"规划设计，但是，好几任市长（依据规定，市长兼任委员会主席）根本不允许委员会发挥作用；在连续十一年里，委员会仅仅召开过三十五次会议，而当初由卡斯·吉尔伯特（Cass Gilbert）和奥姆斯特德（Olmstead）主持完成的最早一版城市规划根本就没有以任何方式被讨论过。

丹尼尔·伯纳姆过去为旧金山做过一个规划设计，那是在大地震之前不久完成的规划。和当年雷恩（Wren）的伦敦规划在大火之后的命运一样，伯纳姆的规划同样没有得到任何关注，尽管在那时有千载难逢的机会。在重新划分土地方面，相关法律方面的障碍是根本无法逾越的。巴尔的摩在发生大火之后也同样无法实现自己的规划设计。1923 年，亨利·哈巴尔德（Henry V. Hubbard）主持了一项调查，报告说，旧金山、伍斯特、布里奇波特、乌提卡及其他很多城市连规划中的一个单项都没有实施。

在大多数情况下，出于经济方面的考虑，人们缺乏采取行动的意愿。贫民窟和城市衰败所带来的经济浪费，是一般民众，甚至市政官员没有意识到的事情。实际上，对于明显的交通拥挤问题，除了感到不方便之外，很少有人意识到糟糕的交通所造成的间接成本浪费。而交通阻塞的后果就是让城市花费大量金钱对高速公路、桥梁、有轨电车、停车场需求等方面进行研究，但是研究之后，根本没有任何压力去采取进一步的行动加以治理。雄伟壮丽的市政厅中心因缺钱而停滞不前，这是由于政治方面的改革已经把原先很多必不可少的"鲜美肉汤"给端走了。宾夕法尼亚的官员们最过分了，他们在请人打扫哈里斯堡州府大厦（Capitol in Harrisburg）的时候，那个用铅打造的大吊灯，是按照重量来付费的。把城市道路挖开铺设下水管道，然后再重新铺路，这样更容易拿到预算资金。有那么几座城市，它们的市政中心已经着手建设，一方面由于各个部门的整合，的确需要新的市政大楼，另一方面或者是因为有一批关心公共福祉的富豪市民自掏腰包，赞助兴建市中心的一些必要建筑，如博物馆、图书馆、大会堂等。但是，在城市规划的喧嚣声中，真正的成果实际上少得可怜。

这就引出了一个核心问题，城市规划的问题到底出在哪里，为什么这些美好的愿望换来的却是彻底的不作为？除了我们在上面提到的经济因素之外，似乎还有别的原因。塔尔伯特·哈姆林（Talbot Hamlin）在一篇论文中曾经精辟地分析了公众的观点，《民众对于规划的看法》这篇文章发表在 1943 年夏季的《安提亚克评论》（Antioch Review）上。他列举了四个主要原因：

……规划师的工作完全是为了广大的民众，但是他们却没能唤起民众对规划设计积极热情的支持。

……尽管城市改进工作到最后可能降低交通成本、减少维护费用等，更不必说民众得到的实际好处是居住条件的改善，但是在规划工作中的价值却是用政府的借贷和税率来衡量的……如此一来，无法得到民众的支持，无法聚集民意。

……担心规划体现了某种不民主的思想。这种担心基于从根儿上就是错误的一种谬见，即认为由大公司或者有影响力财团的几个人组成的董事会制订出来的规划要比政府部门搞出来的规划"更属于美国民众"，殊不知他们对大公司或者财团根本没有任何控制能力，而大公司或者财团又完全认识不到自己对政府部门实际上有很大的影响力。

……人们认定，政府的规划对于私有财产是具有破坏作用的，对于私人主动性更是如此。

以上这些原因基本上都是被动的理由，其实除这些之外，还有一些主动的理由：规划都是有权有势的既得利益者的特权，"平民对他们根本无法管控"，他们非常自然又熟练有效地运用规划作为手段来达到他们自己的目的。规划的范围可以是为小公司进行的市场调查以决定未来原材料的购买额度，也可以是为电话电报公司（AT&T）之类的公共事业公司针对大规模复杂的经济、物资、人口数量等内容所展开的调查、实验和服务，甚至还可以是为石油和航空等大公司所进行的更为复杂、长远的策划。对于这类由公司组织的规划，大家都习以为常，但是，类似的规划假如是由政府组织的，尤其是包含了社会救济方面的考虑时，民众对此根本无法容忍。人们攻击政府的规划，指控它是严格控制，是法西斯的做法。这种指控导致的结果就是房地产开发团体对城市规划和政府主导的保障房的阻挠。但是，伴随着经济崩溃的压力，阻挠也在减少。当一个溺水的经济保皇党人（Economic Royalist）在看到一件救生衣时，哪怕上面写着"美国海防署"（U.S. Coast Guard）的字样，他也会觉得那是非常好的东西；等他安全地上了岸，把身上的水弄干，尽管刚才有笨手笨脚的政府伸手帮忙，但这并不妨碍他吹嘘自己是如何折腾上岸的。

城市规划在很大程度上没有取得实质性的成果，其中还有一个原因，就是规划专家本人过于纠缠那些统计数据及干巴巴的规划框架。他们因为缺乏想象力而导致失败。他们的设计拖泥带水，缺乏火一样的激情，他们既没有胆量，又枯燥乏味。其结果就是，这样的人搞出来的规划无法激发民众的想象力，正如哈姆林指出的，他们在这方面的失败导致他们不可能获得立法机构和政府行政部门的支持。但是，在这些普遍的失败中，总有一些例外，如芝加哥的湖岸规划开发计划、纽约的东河大道（East River Drive）和摩西大道（Moses' Parkways），这些都是轰动一时的大项目，工程之浩大可以和当年豪斯曼在巴黎开辟大马路时相媲美，它们既是欢庆的马戏表演又是庆典的蛋糕，但不是日常生活的面包，城市里民众居住的大片区域基本上没有受到影响。这些当然是巨大的成就，但是对于纽约下东区域（Lower East Side）的实际改善，或者对于芝加哥几百平方英里的贫民窟和污染区的整治，对于其他数以百计的城市中那些既没有面包又负担不起马戏团门票的穷人，这些成就毫无意义。城市居住条件改善方面的工作还没有被提升到"城市规划"的高度，没有被看成规划工作的一部分，而一直是零敲碎打，没有规划。这些改善生活的工作被认为是"清除贫民窟"工程的一部分，而与之密切相关的城市规划问题则被忽略了，即便没有被完全忽略，也被搁置一旁，被认为和清除工作无关。

或许规划专家也被那些调查数据束缚住了手脚。现状调查和统计数据是诺伦特别称赞的工具，它们的确是不可或缺的基础资料，是了解什么是当前必需的不二手段，但是它们永远也不能替代对未来的畅想。规划专家们满足于向思维敏捷的领导提供毋庸置疑的数据和事实，却因此错失了机会去唤起民众的变革之心。沃伦·文顿（Warren Vinton）是联邦公共住房管理局（Federal Public Housing Authority）的主任研究员，他说"研究"工作其实就是"把毫不相干的统计数字累积起来，目的就是要把一个本来不见得成立的假设证明为自己希望得出的结论"。

　　城市规划必须超越统计数字、道路系统、住房及各种胡扯的东西。把不舒服的东西重新摆布一下根本不会有什么太大的帮助，至于在重新摆布时可能采用什么样的形式那就更没有什么意义了。假如某种东西终将保持不变，那么根本就不值得尝试去改变它。

第四章

问 题

在城市重新改造过程中，我们必须面对和解决的问题都是非常复杂的，尤其是在一个民主社会里，要尊重各种特殊利益团体表达的反对意见，因为它们才是民主社会的活力源泉。在过去，在民主政体的国度里，几乎没有城市重新规划的实例。因此，我们今天也必须采用一些摸着石头过河的方法，从尝试、失败、重新总结教训中找出一条路来，而绝对不能采用尼禄（Nero）、西克斯图斯五世（Sixtus V）和豪斯曼等人的办法。

由于在过去 150 年里工业和科学方面的迅猛发展，我们所面临的问题基本上是城市实体硬件方面的问题。150 年前，也就是短短的五代人之前，全英国的人口只有 16 200 000，伦敦 959 000，巴黎 553 000，纽约 60 000。但到了 1942 年，这些数字就变成了下面这一组：英国 47 889 000 人，大伦敦地区 8 200 000 人，大巴黎地区 4 900 000 人，纽约（五个区）7 455 000 人。因此，当我们看到城市硬件设施方面巨大的问题得不到解决时，也就不会有什么惊讶的感觉了。经济、法律、类似科学的社会学和政府诸方面也没能紧紧跟上时代的步伐，而这些滞后又使得城市再规划中的实施行动变得复杂起来，甚至被阻碍和延迟。

当然，每一座城市所面临的具体问题都是不同的，但是，存在一种普遍的模式，对这三种类型的城市来说。三种类型分别为小城市、大城市、大都市区。这三类之间的界线是很模糊的，但是，就像每一类的城市大体上是可辨认的，没有必要严格定义什么是"小城市""大城市"和"大都市区"。

小城市的问题或多或少是暂时性的，也就是说，经济困难是由"大的商业周期"规律造成的。从城市硬件设施方面讲，大多数小城市总的来说是足够的，唯一的问题或许是由汽车带来的交通阻塞问题。有些地方出现一些衰败的迹象，有些甚至出现小规模的贫民区，但是这些都是商业区扩张过快所造成的恶果，这种迅速扩张恰恰是对土地使用性质管控不严格的具体体现。这一现象说明，在某种特定的区域内混入其他土地使用性质的物业是有害的。在任何情况下，如果一座小城市的工业和商业是健康的，那么，它就不大会遇到什么解决不了的大问题，只要下决心去解决，就总能找到解决办法。当然在某些极为特殊的条件下，也会有例外的情况出现。

这些属于例外情况的小城市有的已经倒退，有的处于停滞状态，但是原因各不相同。萨凡纳是一座海港城市，很久以前，自蒸汽机轮船在世界海洋贸易中超越并取代帆船以后，这座城市就失去了自己的地位，之后就再也没有机会恢复自己赖以生存的谋生手段。具有讽刺意味的是，第一艘横跨大西洋的蒸汽轮船就叫"萨凡纳号"，是从萨凡纳港驶向英国利物浦港的。马萨诸塞州的法尔河市（Fall River），如同新英格兰地区的许多其他小镇一样，因为其他地区的劳动力市场更为低廉，丧失了自己的工业。纽约的特洛伊市（Troy）和哈得孙（Hudson）河谷地区的众多城市，由于区域内的交流和技术的改变，使得这里的工业迁移到别处去了，开始每况愈下。在美国，从南到北，从东到西，还有很多这类的小城市，它们不是鬼城——因为它们根本没有灵魂，而是一些刚刚失去生命活力的城市。假如一座城市的工业缺少健康活力，它的商业活动必然会停滞，最后导致城市硬件设施的衰败，那么说城市丧失生长机能，没有什么本质上的错误。在这些城市里，针对旧城中心区域里的居住区，或者它的商务区，我们根本就没有替代的办法。它们的工厂已经被淘汰了，在今天根本无法继续使用，就如同那里的商业楼根本无法用于今天的商业活动一样，那里的住宅区也根本不适合居住。通常由于早期工业区的扩张和铁路系统的入侵而遗留下来的大量土地使用的问题，都需要根据新城市和社会目标来进行分类、重新规划和管理。这些努力目标，对于许多小城市来说，基本上是吃不消的，因为它们必须面对这样一个事实，即人口数量不变，工业和商业保持在一个稳定的水平。这些新的目标很显然是在人性和文化方面取得全面的发展。在今天看来，这并不意味着思想狭隘，而是与周边的环境形成一个整体，不再贪婪地要控制它。实际上仅仅在30年前，人们在许多情况下会把谈论人性和文化看成是目光狭隘、没有远见的。过去用于追求数量增长的能力和精力，现在可以用于使之成熟。

另一方面，大城市有着超大都市所面临的众多问题——在一定程度上所有的问题，只是在程度上没那么严重而已。这些问题可以分为三类，即硬件设施问题、经济问题和社会问题。每一类问题又都围绕着三个主要因素：①居住、配套设施、交通；②土地价值、服务成本、税负负担；③养育孩子、医疗健康、社会满意度。

一、硬件设施问题

硬件设施问题，正如我们已经说过的那样，是过去遗留下来的问题，是缺乏规则、过于乐观、炒作增长的产物。城区里的旧居住区仍在忍受着拥挤的煎熬，缺乏有组织的公共或者私人的开敞空间。在很多情况下，这并不是人口密度过大造成的，而是因为土地使用的不合理：道路过多、胡同小巷过多、建筑密度过高，而游乐场用地不足。网格状道路系统与此有着密切的关系，因为这个系统不加区别地对待不同交通流量和速度压力提出的不同要求，对于不同地理位置和周边土地使用性质，并未采用不同的道路设计。例如在纽约市，35.55%的土地是城市道路，但是实际上有25%的用地就足够了。在芝加哥，标准的城市地块不得已形成了进深非常大、面宽很小的形状，地块中间必须加进胡同。与此同时，很多城市中的商业区用地，规模巨大，多半闲置，或者成了停车场，或者成了"餐车车厢"的所在地，或者干脆成了堆积杂物的垃圾站。店铺没有商家，商住楼成了废墟。

真实有效的配套设施也是非常重要的。很多城市里的工厂完全是老旧过时的东西，早该被淘汰了，办公、商业区里的许多建筑也是应该被淘汰的东西。想想"主街"上的那些商店，那些沿街店铺可以通过"现代"整容手段把店面整修一下，但是楼上二层、三层（很多情况下有更多的楼层）却破乱不堪、阴沉昏暗。到处都是商业区，太多了。随便什么人都可以说出每个城市的主要大街，卡姆敦的百老汇大街、克利夫兰的欧几里得大街（Cleveland's Euclid）、布法罗的特拉华大街等各地的主要大街，以及纽约、费城、波士顿的大片区域。

　　追求摩天大楼的风尚对城市中心的破坏也非常大。除了极个别的案例之外，几乎没有一个这样的项目能够偿付当初的费用（根据城市土地协会［Urban Land Institute］的报告，在全美大约有 500 座超过 20 层楼的建筑，其中在财务方面没有一个算是成功的[1]），而不那么著名的超高层建筑带给周边物业的财政后果则是灾难性的。这里有两份数据可以证明这一结论，一份是来自城市土地协会对肯塔基州路易斯维尔[2]的研究报告，另一份是对威斯康星州密耳瓦基[3]的研究报告。

　　　　在掌握了对路易斯维尔的研究结果之后，人们普遍认为，20 世纪 20 年代建造的那些摩天大楼是造成城市中心区价格下降的主要原因之一。这类的开发导致了土地使用的极度不平衡，这对于市中心区其他物业是有害的。如果当初新的商业物业采取横向发展而不是竖向发展，那么现在的情况会好很多。这种情形是可以通过修改土地使用控制性规划来达到的，在这里我们强烈建议对此进行修改。

　　　　中心商务区的建筑高度应限制在 85~100 英尺，具体数值要由公共土地管理委员会（the Board of Public Land Commissioners）根据市场的真实需求来决定。执行这一规定背后的原因和初衷是让中心区的土地使用分散开，最终的目标是让许多空地或者用于停车的地块重新恢复原来的使用性质，充分发挥它们的作用。

　　把工作区和居住区整合在一处，这种情形几乎很少有过。总的说来，现有的土地使用性质分区的法规是为"保护"上层社会的居住小区而设计的，这些法规对于当前问题的解决实际上是一种障碍。这样的分区就是利用逐渐排除法，把土地按照使用性质进行分类，也就是说，在一片不区分使用性质的土地中，将工业用地、商业用地等逐个排除，直到最后只剩下西蒙（Simon）纯粹的独栋住宅区为止。按照这种分类系统划分，得到的控规图是非常僵硬的，没有什么灵活性。根据这样的分区规定，我们很难整合规划出一个综合的社区或者小区。另外还有一个难题，我们将在后面详细说明，那就是：当有些不符合用地性质的使用功能获得允许进入这个区域以后，就没有合适的办法去处理它们；它也没有把居住区和工业用地、商业用地完全区分开来。后一种混合使用所带来的结果就是形成了城市中情况最糟糕的贫民窟和不健康的环境。土地控规应该积极地鼓励并促成土地的综合使用，这一点和不加

1 《城市土地协会简报》（*Urban Land Institute Bulletin*），1943 年 2 月号。
2 《城市土地协会路易斯维尔市中心区规划提案》（*Urban Land Institute Proposals for Downtown Louisville*）。
3 《城市土地协会密尔瓦基市中心区规划提案》（*Urban Land Institute Proposals for Downtown Milwaukee*）。

甄别地把一堆不相干的用途混杂在一起有着本质的区别。现行的法规，除了在纯粹的居住区外，可以说是助长了这类混杂的状况。

土地分区的法规从关注公众健康等切身利益出发，到最后变成了保护既得利益的工具，这种快速的转变在1924年的一份报告里得到了证实。纽约市建筑分区决议（New York City Building Zone Resolution）是在8年前颁布执行的。这份报告是由委员会主席克莱伦斯·斯坦因主持完成的，并提交给第57届美国建筑师协会年会。该报告的部分内容值得在这里引述一下，在过去的20年里，报告中的要点实际上进一步得到了强化：

工业和商业在发展和扩张的过程中，使得临近的居住区衰落，或者越过居住区，彻底摧毁它们。当初对美国城市进行土地使用分区，正是基于这样的原因。对土地使用进行分区将防止这种情况发生。保护居住区的必要性在于它是为了全民的公共利益，所以，大家普遍认为分区法规是可以实施生效的，可以通过行政执法权加以执行落实。至于公共执法权到底是如何定义的，还不是很明确，但是，人们普遍认为分区法规的执行属于这一范畴。

城市分区的理论本身其实非常简单。但是，这个理论在实际运用的时候，马上就超越了保护的工作范围。所谓的保护就是通过它使民众的公共利益得到不断加强，从而借助这个原则和作用来保护、稳定和增加土地价值。正是因为土地分区可以作为稳定和增加土地价值的一种手段，这个法规才受到民众的欢迎。任何一项土地分区规定，除非它的大框架能够确保现在的土地主人可以通过它的实施获得大量的金钱利益，否则，这样的法规有任何的机会获得通过执行吗？

现在的情况是，从原先工业和商业用地中抽取部分用地几乎不可能让原先的土地主人有金钱方面的收获，因此应对的办法就是把住宅划分为很多种，然后把用地严格地分为不同等级，让不同的住宅区各自相对独立。如此一来，土地价值就得到稳定与增加。这种办法目前为让土地分区的做法得到民众支持奠定了基础。

如果我们重新回到最初的想法，很明显，现在执行的这项土地使用分区法规，在相当程度上，很难再说它是为了保护民众的公共利益而设立的。可以这样说，经济上的阶级分离现在是逆向进行的。无论在具体执行中的结果是好还是坏，目前的现实都充分地证明，不断进一步细分土地使用类别，已经把最初设立土地分区的最根本立足点给破坏了……

另一方面，站在建筑师的立场上看，分区法规强加了许多无谓的限制，很多是没有什么效果的，也是无关紧要的，但是给土地使用规划增添了许多麻烦，让规划工作变得十分复杂，常常阻碍了创造性地解决问题的方法出现，让深入研究问题之后才会忽然出现的充满智慧的新方法无法得以实施。在土地分区做得特别出色的一些城市里，这些法规非常僵硬，同时它们和区域规划的基本原则毫不相干。所谓的好规划就是沿着荷兰和英国的思路，参照它们的案例，把城镇规划和住宅方案设计好。这大概只能在新区，而且是在还没有被土地分区专家强求一致的斧头砍过的地方才行。

概括起来，土地使用分区的唯一存在理由应该是为了让社区更好，更适合居住、工作、养育孩子，但现行的土地使用分区法规却成了实现这一目标的障碍。今天的建筑师对当今的城镇规划一点也不感兴趣，大家还会对此感到奇怪吗？

工厂的特征正在改变（某种主要重工业除外），住宅区的规划方法也在改变。新的土地分区规定必须相应地做出改变，新法规将允许两种用地性质结合到一起，应该说必须让二者结合到一起，否则交通问题将永远得不到解决。有人尝试在纽约市开展这项工作，结果遭到了最为猛烈和极端的抵抗。纽约市规划委员会批准了一项控规调整，允许在一个居住区里建造一家电子研究实验室外加一个员工住房项目。这个项目的规划团队很认真地研究了场地，提出的方案密度非常低，并允许民众进入这个新园区。但是，目光短浅的业主们拼命地反对。实际上，这样的项目，如果加以有效管理和监督，会增加对周边住房的需求，而不是减少或者降低它们的价值。

在思考居住和工作之间的关系时，几乎没有人考虑到这样一个事实：在大城市里，超过一半的人在所谓的"服务行业"工作，即在商务和政府部门工作，也就是说，这些人是白领阶层和高级技术型劳动力。一个有600~800名雇员的百货公司或者大型保险公司，其员工居住区与公司选址之间的关系和拥有同样数量工人的工厂厂址与工人居住区之间的关系是同样重要的。然而，到目前为止还没有人重视这个问题，大概是因为"白领工人"认为自己是高级无产者，而他们的雇主则认为他们低人一等。

在很大程度上，造成今天交通问题的原因是城市缺乏整体性综合规划。交通问题，包括人力的流通和货物的流通，困扰着我们的城市和整个国家。尽管全国各地都在拼命试图尽快解决这个问题，但是没有什么效果，因为并没有触及最基本的规划问题。交通规划专家对交通问题进行研究，然后提供了一系列道路拓宽、改变红绿灯控制、道路交叉口的改造等措施，这样的做法就和过去研究血液系统的医生一样，这些医生在研究血液系统之后，针对动脉硬化提出的解决办法是古老的放血疗法。解决问题的办法的提出必须建立在全面彻底的诊断之上：必须在铁路、市场、码头、机场、人口稠密区及休闲娱乐区之间找出某种恰当的关系，必须对未来的增长有充分的考虑，并实施管控。除非高速公路沿途和端口的用地受到严格控制，确保交通车流性质符合当初的道路设计，否则城市道路和高速公路的设计就根本没有意义。

汽车越来越便宜，汽车工业资助建设了大量路网——路面开始是沥青碎石的，后来是混凝土的；道路开始是两车道的，后来成了三车道，再后来是四车道甚至更多的车道。这使得道路能否容纳下这么多的交通流量自然变成了城市最主要的考量因素。于是道路拓宽了，旁路也出现了，城市停车场也建造了。但所有这些都没有用，因为对这些问题的思考仅仅是在某些局部想明白了。主干道随后又立即被塞住了，因为民众觉得开车的时候次要道路不方便或者不好走，也因为某条路去某个地方越便捷，更多的人就越想走那条路。"星期日开车出游"这个现象只有一种理性的解释：人们居住的地方实在是让人感到不愉快，甚至相比之下那又热又不舒服的拥挤道路都让人觉得好一些，这些人的休闲娱乐机会和内部资源太少或者品质太差，以至他们觉得去任何地方的任何活动，都比"待在原处"要好一些。

货运卡车也带来一些新的问题。城市里的大卡车装卸货物就造成了工业区域的拥堵，这和商务区停车造成道路拥堵是一样的。在一座小镇里，大卡车会带来巨大的危害，尤其是在只有一条街道的小镇，或者沿着高速公路自然形成的那些小村子。这些小镇应该受到警察的管控，它们也的确得到了管控，但是这些村镇不过是高速公路上的一些点而已。在上面两种情况中，过去曾经快乐美丽的小镇中的居住区被毁坏了。旅游度假小屋、游客之家、汽车旅馆、加油站、快餐店及路边摊取代了过去曾经有过的美丽家园，很多老树被无情地砍倒，因为道路需要拓宽。

在过去，除了缓解交通压力之外，别的什么都不加考虑，这样做的结果是非常不幸的。从长远的角度来看，尽管它可以让房地产炒作商人向外拓展，但到头来这是城市的不幸。城市中引进高速运输系统，比如有轨电车、地铁、高速公路，直接结果就是开发项目向廉价的土地延伸。从前人们普遍认为，这类开发项目正是修建这些设施的目的，可以给城市带来更多的纳税人口。在城市扩张的时期，这种理论有很大的市场，但是，面对人口数量的相对稳定，这种理论被彻底地粉碎了，因为周边的人口都是从城市中心区域迁移过去的。最明显的例子就是纽约皇后区（Queens Borough），这个区的增长非常迅速，完全得益于独立地铁和高速公路系统——在很大程度上，牺牲了曼哈顿，曼哈顿没有得到相应的增长。

飞机也给城市带来了新的问题。机场放在城市的什么位置？它和城市中的居住区、工业区、物流设施，比如铁路货场，都有怎样的关系？然而这些问题还都没有答案，因为飞机本身也在不断地改进，我们还不知道它的未来是怎样的。我们能够做的就是根据当前的需要提供必要的设施，同时我们也清醒地知道，我们会犯错，就像从前早期规划铁路时所犯的错误一样。今天的飞机与未来的飞机之间的关系，就和20世纪50年代蒸汽机车与今天电力机车或者柴油机车的关系是一样的。早期铁路带来的噪声、煤烟、交道口的危险等问题，只能随着技术的进步和大量的资金投入得到解决。今天的飞机带来令人无法忍受的噪声，其占地和商业相比显得过大，不合比例。或许20年以后回头看今天的一切都是错的，但是，今天的需求必须根据现状予以满足。硬件设施的规划设计不可能借助于其他手段来为从未见过的未来发展做出预判。

二、经济问题

经济方面的问题显然与硬件设施有关联，同时进一步讲，也和社会问题有关。地产炒作产生"价值"的传奇故事给很多城市带来一个死结。市区里的地价崩溃有两个原因。城市成长速度在减慢，汽车数量却在增加，而且与通勤半径、新居住区范围相比，汽车数量是按照几何级数增长的。根据增长期待值和人为制造的短缺状况而做出的评估早已不符合事实。贫民窟和衰败的区域是最需要恢复生气或者说需要重新规划的地方，而这些地方的残余价值也是最高的。我们的税收体系有一个悖论，那就是，城市土地盈利能力并不一定在它的价值评估中反映出来。从理论上讲，评估所反映出来的盈利能力指的是一种认知，认为良好的中心区位要比边远的地方具有明显较高的盈利能力，而且价值评估在实际操作中，在一定程度上也考虑了建筑物的寿命和特征。但实际情况是，土地评估得出的价值与城市法定的有债券的负债和城市提高税率的有限能力如此密切相关，以至任何在土地价值评估中的贬值评估，无论多么合理，将意味着市财政的破产。

这一悖论给住宅区带来的影响，比较好理解。它是发生衰退的原因，也是结果，就像癌细胞扩散。在很大程度上，由于这个悖论，公共住房政策不但没能消除任何一个贫民区，而且导致了进一步的衰落，通过强迫各地方的公共住房管理部门或是到城市外围买地，或是在市中心区域采用极高的人口密度。没有一项公共住房项目降低用地的密度；纽约市的人口密度已经增加了两倍甚至三倍。这种超出极限的高密度住宅现象在私人投资开发的项目中当然也是一样的，但是，我们对此已习以为常了，根本不会觉得有必要评论几句。但是，从广义上讲，公共住房在为个别人提供遮风避雨的住处之外，还应当为广大公众服务。但是，只要虚假的土地价值主导着高强度的土地使用，而不是通过优化合理的使用来决定土地价值，这个目的就无法实现。无论大小，每一座城市都存在着这个土地财产的悖论，一点都不夸张。多年来城市的土地一直在衰败，因为城市行政部门把土地的"价值"评估得特别高，从而导致法院推翻从前的认定，如此一来，符合城市整体模式、对城市最有利的开发项目因为密度的原因而无法获得批准。

常常听到一个说法，即公共住房因数量过少而不足以影响城市的格局和模式。私人开发企业也被这种尴尬局面所困扰，最终选择到外围的廉价土地上去开发。外围区域可能仍然属于城市范围，沿着新建的交通线路兴建开发，比如皇后区；也可能完全是郊外的新小区用地，就像每座大城市和很多小城市周边一样。只有通过这种方式才能为中产阶层提供足够的住房，而且这个阶层是私人企业的最大客户群体。在经济繁荣时期，这类郊外的居住小区用地增长非常快。毫不夸张，数以千计的宅基地一批一批地供应到市场上，各种市政配套管线则保持在最低水平。促销手段五花八门，有银货两讫式的，有出售分时居住权的，有贷款抵押的，还有为首次置业家庭赠送额外土地的。几十万处的宅基地并没有销售出去，或者土地售出后并没有建房子，规划的道路上长满了杂草[4]。仅芝加哥一座城市就有 12 平方英里的空置宅基地，其中很多都已经有了道路和市政管线；在新泽西州，一共有 185 000 英亩的房屋建筑用地，这些用地相当于 100 多万处 50 英尺宽、100 英尺长的宅基地；加利福尼亚州还持有 64 200 处宅基地的缴税地契。

另外一些居住小区只是部分成功，刚刚足以促使市政府为这些小区提供服务，包括提供警力、消防、学校、垃圾处理及其他市政服务。在这些区域里，税收根本无法平衡提供这些服务的费用，但是，这些服务是必须向居民提供的。

"在地产炒作中出现的居住小区里，开发商最感兴趣的就是以最便宜的价格把其中的宅基地卖出去，这些小区到最后形成了目前的状况，而对这种现象进行补救却给城市权力机构带来非常沉重的负担。这类小区与设施齐全的居住区间的竞争，导致整个城市的土地价值受损。向这种位置不佳、设计糟糕、不成熟的郊外居住小区提供市政服务的成本非常高，最终必然会使得整座城市提高税率才行，同时对一座秩序井然、均衡发展的城市来说，郊外的小区让情况变得更加复杂起来。"[5]

当私营企业进入到城市中心地域发展建设的时候，之所以能够这样，是因为两个主要条件已经得到满足：这里一定存在着一个可以接受相对高租金的客户市场；每个地块一定可以在法律允许的范围内建造到最大的极限。后者实际上有两方面。在高租金的区域，或许人口并不是很多，但是建筑体量一定保持在最大值，因为房间的尺寸都很大；低租金区域里的建筑体量维持不变，但是人口数量在增加，这是因为必须保证整体房租收入，这样就不得不把每一间住房压缩到最小。这两种情形都把采光、通风、公共开敞空间方面的考量减至最少，而在第二种情形中，人口数量的增加让每一种公共设施都变得非常紧张。

在衰败的商业区和工业区里，情况又有些不同。缺乏对土地的管控，以及土地分区在实施初期过于宽松，让城市里的商业性用地数量过大，其中很多工业建筑在很大程度上已经过时，必须加以淘汰。在有些城市里，商业沿街平均店铺铺面长度达到每百人 50 英尺之多。这类店铺是市中心区购物中心之外的商业，服务附近区域，因此它们可以支撑更多的商业活动。各种研究结果已经表明，即便是很普遍的每百人配有 25 英尺的铺面长度，对于纯粹的地区性商业来讲，也是过大的，结果就是总有空闲的店铺租不出去，也总会有好多不适合的商业进场，进场后又无法生存，导致店家不停地更换。对于一个普通规模的社区来说，很多专家认为，每百人配有 10~15 英尺的铺面长度就已经绰绰有余了，这里面也包含了一定数量的冒险来投资经营的人，他们并不期望自己一定能成功。工业厂房和商住混合建

4 参见菲利普·科尔尼科（Philip H. Cornick）的报告《几个大都会地区不成熟小区土地划分带来的问题》（*Problems Created by Premature Subdivisions of Lands in Selected Metropolitan Areas*），州规划部门，奥尔巴尼，纽约，1938 年。同时参见《不成熟的居住小区土地，一种奢侈品》（*Premature Land Subdivision, A Luxury*），新泽西州规划委员会，1941 年。
5 《路易斯维尔市中心区规划提案》（*Proposals for Downtown Louisville*），城市土地协会发布的一项研究成果。

筑也受到影响，当然，产能过剩所带来的影响没有产能不足的影响大。这些建筑物照明条件很差，电梯根本不足，里面的柱子很多，不利于安装现代化设备和机器；或者墙体厚重，无法灵活改变布局；或者楼板轻薄，重型机器根本无法安装。交通拥堵、货物运输设施欠缺和停车数量不足，这些已经让整个区域开始破败。如此一来，商业开始出现集中的趋势，形成较大的团队，最典型的例子就是连锁店的出现；而工业企业也在不断地改进自己的技术，它们可以在更小的空间里生产出更多的产品。很多工厂对于空间的要求已经和从前不同了，很多设施是按照流水线式的操作模式展开的，同时需要大片的停车场。货物销售的模式也改变了，仓库已经不像过去那样重要，因为大卡车让过去铁路旁边的堆放变得不必要了。然而另一方面，大卡车本身对于装卸货物又提出了新的要求和挑战，如果想既不占用道路，又不阻塞交通，这些要求在旧城区是很难得到满足的。

空间的大规模淘汰当然会反映在税率上，反映在房地产的从价税或者是别的什么税上。反对从价税的理由是，这种收税的办法把计算基数固定在一个虚假的"价值"基础之上，这样就阻碍了以后根据收入对它进行理性的调整。不仅如此，往往最高的税率都已经写入各州的法律条文中，政府的负债率也都已加以限制，这就直接影响了房地产估价的总额。在经济繁荣的年代，房产主人希望把自己的房产估值调高一些，税率调低一点，原因很明显，即这样的估价在房产出手的时候可以开一个高价，同时低税率又是一种诱惑和奖励。当经济变得糟糕、房产市场低迷的时候，高价位的估值就成了不小的负担，它会进一步阻碍市场的交易，然而这时城市市政当局最需要把税率提高，不然城市无法运作，过高的估值被证明到头来还是苦了自己。

一个简单又关键的事实通常被大家忽略，那就是城市提供的服务最后一定是要有人出来买单的。"税率本身根本不重要，税收金额总数才是真正重要的。当估价下跌的时候，税率必须走高，这样才能保证税收的持平；而当估价上升的时候，如果税收仍然保持平稳，那么税率也一定会降低。"[6] 但是，当城市物产的估值与政府发行的公债限额紧密联系在一起的时候，估值就不能下调，否则市政体制在技术上就必然破产，这和市政的实际财政收入没有关系。假如估值保持在高位，那么物业就很难出手转让，重建市区也就是一句空话，不可能实现，其结果就是税金也根本收不上来，除非采取如同银行那样的强制拍卖取现手段。这样的恶性循环和茄属植物一样有害。

为了打破这种恶性循环，人们提出并尝试了很多办法。通过所谓的城市再开发计划向城市提供经济援助，目的就是：获取土地时支付的成本必须能够使物业保有原来的价值，必须让城市在财产估值上不受损失；同时另一方面这块土地的使用价值必须能够让重新开发建造者和经营者得到合理合法的利益。而如何弥补这二者的缺口是政府经济援助需要解决的问题。各种解决办法大致上都是同样的

---

6 《新泽西州的蒙特克莱尔城：一项关于市政服务与成本的研究》（*Town of Montclair, N.J.: A Study in Municipal Service and Finance*），普林斯顿调查报告，普林斯顿大学，1942 年。

思路：①市政当局必须得到授权来购买这些土地，然后出售或者长期租赁出去；②联邦政府必须在财政上资助地方市政当局购买这些土地；③这些土地必须在市政当局或者代理机构通过某种机制控制的情况下，由私营企业负责开发。根据估值确定的成本价和土地的实际使用价值之间的差价，需要通过某种手段得以解决，通常是通过联邦政府期限宽松的信用垫资来解决。很多人认为，联邦政府应该以专项经费的方式把这个差价补上。换句话说，我们的社会在今天和明天必须为昨天的错误买单；今天的土地新主人不应该受到制裁，放贷的人也不应该受到制裁，任何人都不应该受到制裁。艾尔文·汉森先生（Mr. Alvin Hansen）曾简明扼要地说了一段话[7]：

> 我们说，法律的条文非常激进，足以把这些过剩的价值挤压出来，但是这些条文在实际政治中基本上是不可能的，即便是可能的，其结果是否是我们所想得到的也值得怀疑。因此，我们建议，社会作为一个整体，主要是对现存的具体状况负责，全社会作为一个整体应当为改善这个现状而共同支付成本，这样我们可以重新开始。当年亚历山大·汉密尔顿提出，以联邦政府的名义，为了独立革命而发行公债。他在提出这个设想时所面临的问题和我们今天所面临的问题其实是很类似的。

假如这个建议能够带来一种新气象，那么它也不失为一个公平合理的建议。但是不幸的是，这个建议中的绝大部分内容，在 30 年或者 50 年之后所得到的结果，都将同我们今天所处的无法忍受的恶劣处境一模一样。

不仅如此，到目前为止，所有的城市改造计划都没有触及财政困境的另外一半问题——把房地产的从价税（ad valorem）当作是财政收入的主要来源的问题。这并不是说，大家没有认识到这个问题，目前有无数的人在讨论这个问题，一大批人都建议用一种"占用税原则"（occupancy tax principles）来取而代之，而且持这种观点的人越来越多。问题是，制订城市改造再开发计划的立法议员们根本无法在自己的提案中把相关的税法系统加以修改，因为这样的修改几乎每一项都会要求对州一级的宪法进行修正。然而没有税法的改革，城市改造计划的主要目标就必然会泡汤。我们这里所说的主要目标就是对现有城市的重新开发利用，而不是简单地救助那些房产的主人。

城市市政服务和税率也必然影响到城市开支问题。比如非本地居民享受城市服务，举一个具体的例子，就是外地车使用本地的停车场；再比如根据州立法的要求或者法院的裁决，城市必须提供某些它自己根本不需要的服务，而且这些服务人员的工资必须由城市财政负担；州立法机构强制城市支付某些费用；州政府按规定应当返还给市政府的税金结果并没有返还；其他因为重复征收、机构重叠所造成的资金负担。一个大都市地区包含了数以百计的各级政府部门、行政单位，这些部门和单位不但

---

7 引自 1943 年 2 月号《国家市政评论》（*National Municipal Review*）上的一篇文章。

在权责上有所重叠，而且在具体部门机构组成上也有所重叠，对本来就混乱的局面无疑是雪上加霜，甚至出于惯性或者嫉妒心理，在计划中人为地制造一点障碍也是可能的。每一座城市在这方面都有自己的特殊问题，每一位税法专家也都有自己的解决方式。某种税务方面的解决方式则必须找到，这是因为城市硬件改造规划本身是一种陷阱和幻觉；具体的硬件改造必须是整个经济框架中的一个组成部分，否则它毫无意义，或者说，它的意义根本就是有害的，好比向老鼠洞里灌水。

至于为方便市民而提供的服务，其成本问题需要从整体上进行进一步梳理，还需要引入新鲜的"血液"，摆脱政客们盲目的固执。市民的人均收入与市政服务成本之间的关系必须搞清楚。比如开办学校的费用，单凭普通家庭所能负担的税额是远远不够的。大多数家庭，除了少数特别富有的区域外，如韦斯切斯特郡（Westchester County），根本负担不起学校的实际开销，另外还有其他的市政服务、维护自己住房的费用等。例如：在波士顿地区，办学校的费用平均每名学生 127 美元；纽约市高中的办学费用，平均每名学生 159 美元。绝大多数纳税人负担不起这样的教育费用，至于市政其他方面的开销费用就更不用提了。一个价值 5000 美元的居住单元，无论它是独栋住宅还是城市里的公寓，在税收方面都是相同的，每年基本上不会超过 150 美元，甚至连达到这个数都非常困难。全美国不超过 15% 的家庭可以负担起一个价值 5000 美元的住所，其中 85% 的家庭平均年收入在 2500 美元以下，根据一般常识，这批人是价值 5000 美元的住所的主要买主，或者年租金为 625 美元的房子的主要消费群。对于低于这个收入水平的家庭，买房或者租房就比较吃力，必须从食物、衣服、健康等方面节省才行。因此，大多数家庭无法缴纳应缴的税金，在很大程度上必须由富人、公司和州政府资源来予以弥补。例如，在纽约州，2 个地方市政府的各种费用有 22.4% 是由州政府负担的，各市得到的资助不尽相同，纽约市获得 18.4%，另外有 26 个更贫困的县市获得 44.1% 的资助 [8]。在那些没有获得资助的地方，教育和市政服务就跌落至美国南方一些州的水平，因为在这些南方州，既没有富人，也缺少工业，所以这些地区得不到足够的资助。

关于土地价值、分区边界的漂移和支付能力与市政硬件设施之间的关系，已经在麦克休（F. Dodd McHugh）的开创性研究报告中得到非常精辟的分析。麦克休当时担任纽约市规划委员会的主任，他的报告名称是《居住区里公共服务的成本》（Cost of Public Services in Residential Areas）。他的研究报告显示，城市里的市政服务硬件设施有很大一批需要淘汰，而且其破旧程度令人吃惊。这些服务和硬件设施包括学校、污水系统、各种管线，以及缺少公园和除了城市道路之外的公共开敞空间。然而，报告也显示，对城区的现状进行恰当改造实际上要比在城外建造一个类似的全新项目成本低。在城外建造新区，它的成本是多重的：新区必须全面配备各种设施管线，但是旧的城区又不能完全放弃。新

---

8 这项收入的绝大部分来自纽约市，其结果是这座城市不但要补贴自己城市里的穷人，而且还要补贴全州范围内的其他贫穷社区。

区需要很多年才能达到理想的入驻人数，而逐渐被遗弃的旧区也没有充分地发挥作用。麦克休在美国土木工程师学会 [9]（the American Society of Civil Engineers）宣读自己的报告之后，曾经发表过一篇讨论文章，其中有一大段值得在这里引述。麦克休是这样说的：

> 贝克尔先生已经注意到，个人、房产主人及公共机关在经济上的损失在很大程度上是因为城市的衰落和城市中心的分散趋势。巧合的是，最原始的成本分析中有一版曾经指出，过度扩张及在居住区重复建设辅助设施，让纽约市每年至少需要支付 4000 万美元的费用，用于市政的运营和管理。当然，确切地说，这只是一个粗略的估算，但是它也告诉我们，整个城市范围内的衰落和中心分散带给城市的损失有多大。贝克尔先生也提到大规模重建中会遇到的土地集中及地价过高的问题。他质疑重建地区的房租是否足以支付高价土地的成本，并认为资助补贴此类住宅项目的开发实际上是一种很好的投资，至少在一定程度上解决了土地回购过程中高昂的成本的问题。土地回购成本是城市改造工程中最大的障碍之一。一个由私人企业开发的大型社区，在没有公共资金援助的情况下，要想成为一个自给自足的社区，这个想法看起来是很值得怀疑的，因为收自住户的房租根本不够支付高昂的土地成本和新居住建筑的建造成本。在远离市中心的郊外地区可以很容易地获得较集中的大片土地，成本也相对较低，这使得私人企业投资开发的项目有获得利润的机会，在一定程度上，这样的开发让城市在人口明显减少的情况下仍然在不断地扩张。

麦克休接着给出以下非常有说服力的分析：

> 我们在大规模地重建那些已经被淘汰的区域时，需要考虑为不同家庭收入的群体提供选择。假定在现有的实例中，我们的工程师所关注的是一个可以满足所有群体需求的普通社区。在这样的假设前提下，我们才能够讨论人们普遍能够负担的平均房租水平。在纽约市，每年每户的房租总额大约为 520 美元，这个金额代表了一种平均"市场需求"。那么，对于这样的需求，私人开发商能够提供什么呢？
>
> 对这个问题的回答在很大程度上受到两点制约：一是私人开发商所需要的资本开支，二是项目完成以后每年的维护费用。为了方便讨论，我们来做一些假设。我们假设运营和维护的成本为平均每个居住单元 150 美元，这里面包含了保险和空置补助。以每个居

---

9 《美国土木工程师协会，公报》（*American Society of Civil Engineers, Transactions*），1942 年第 107 卷。

住单元平均每年租金 520 美元为计算基数，每年的运营等成本为 150 美元，那么开发商必须用剩下的 370 美元来支付税金、获得资本的费用及资产的利息。

由于这是一个大规模的开发项目，它的投资具有一定的稳定性，私营开发商完全有可能获得利息为 4% 的资本，加之出资参股人希望逐渐收回投进来的资本，因此我们假设，他们每年按照 1.5% 的比例分期收回贷款。按照支付利息 4% 和分期偿还 1.5% 的资本本金来计算，开发商可以在 34 年内连本带利还清贷款。这种假设和最近联邦住宅管理局（Federal Housing Administration，FHA）推出的贷款保险计划中所设定的贷款方案是相似的。

私营开发商必然只有在自己所投入的资本能够得到一定的回报时才会加入投资开发。在目前资本盈利低迷的情况下，6% 的回报率是非常具有吸引力的。由于这个项目是大规模的社区重建，它必然要求配备符合现代标准的公共基础设施，而城市如果不征收一定的费用，是根本负担不起的。因此，地产税必须纳入私营企业开发的成本里面。这一系列的成本如下：

事项	与资本相关的成本百分比
利息	80% 的资本，4% 利率，亦即 3.2%
本金分期偿还	80% 的资本，1.5% 比率，亦即 1.2%
资产收益	20% 的资本，6.0% 回报率，亦即 1.2%
地产税	92% 的投资，2.75% 税率，亦即 2.53%
总计	8.13%

私营开发商平均每户每年收取的租金只有 370 美元，以上这些费用都必须从中支取。按照 8.13% 的比率反推出的资本金额是 4550 美元。这个数额说明，在我们所讨论的这个案例中，如果平均每户有了这样的投资额，从单纯经济角度来考虑的话，它是可行的。在一个大项目里，我们可以假定，地块里现存的所有旧建筑都将被拆除，然后按照平均每户 3640 美元的成本再重新建造新住宅，这是可以做到的。在这样一个"普通的"案例中，开发成本大约是每立方英尺 40 美分。在这样一种低廉的建设开发成本的前提下，开发商可以拿出 910 美元来支付每户住宅单元的土地成本。假如这个重建的社区以每英亩居住用地上有 250 人的密度来计算，那么土地成本就不会高于每平方英尺 1.42 美元；假如按照每英亩 430 人的密度来计算，那么开发商需要支付的土地成本为每平方英尺 2.45 美元。如果其他条件不变，只把密度提高到每英亩 540 人，那么土地的经济成本仅仅略高于每平方英尺 3 美元。

我们不必再继续讨论下去了！尽管麦克休先生使用的具体数据是针对纽约市的，但是乘以某一个比例系数，这个结果可以应用到美国的任何一座大城市。我们同时需要注意一点，城市政府部门里的铺张浪费或者腐败现象在很大程度上是可以忽略的。腐败现象主要影响到资本的花费。虽然说防止铺张浪费在一定程度上可以减少新区和旧区里的市政运营开支，但是城市中心区重建的根本症结没有改变，那里的土地"价格问题"实际上和支付能力没有什么关系。

三、社会问题

从广义上来说，除非和社会努力的目标结合起来，否则城市硬件设施的规划和经济规划都没有任何意义。社会努力的目标就是，或者说应当是：让城市成为一个可以把孩子养育、教育成为健康正常人的地方；在那里，人们可以找到足以养家糊口的工作，并且有适当的保障；在那里，生活便利、社会交往、休闲娱乐、文化提升等都能够实现。无论从哪方面讲，这绝不是什么乌托邦式的理想，过去和现在已经有很多城镇接近这个目标。事实上，大多数人的需求并不是很多，他们也不幻想这些标准有多么高。一套满足一家人生活的干净住宅，有自己的私密空间，有一点可供孩子玩耍的场地或者社区活动场所；一所好学校；一份稳定的工作，可以给家人提供足够的吃、住房、置衣、看病的费用；社区内有电影院、保龄球馆、沙龙；有图书馆、博物馆、剧场，或者一些位于从属地位的东西。这是城市日常生活的主要内容。色彩斑斓的灯光、拥挤的人群、自由市场的紧张气氛、大都市中奢侈又罪恶的生活带来的压迫感，不过是大型城市中心的表象而已，不是真实的城市生活。那些东西可能把人们吸引到大城市里来；它们可能让没见过世面的人瞠目结舌，然后把自己住在小县城里的表兄弟叫作"乡巴佬"；它们能够吸引旅游人群或者流浪人群。但是，它们绝对不是城市赖以生存的东西，当然就更不适合小镇。

发生工作更换、商品的交换、思想的交流的机会，构成了理解城市的主要内容。城市是一把尺子，凭着这把尺子，这些内容才能够以最接近人的方式实现，这些东西现在已经看不到了，我们必须将它们重新恢复。

当城市考虑到自己在社会方面的作用、出现的问题和努力的目标时，它不应该忘记对美观的考虑。现在大家很喜欢去嘲讽早年的"城市美化运动"（City Beautiful），喜欢去用冷冰冰的经济数据和事实来说明城市规划的不可行，用所谓的科学方法来讨论密度或者市政服务的成本，用根本靠不住的统计数字来支持某些愚蠢的假设，以便证明城市规划的不可行。假如规划师和建筑师小声地建议要设计一些美观、愉悦的东西时，他们会发现自己正在把脖子直接放在刀下。这样的态度正是卡尔[10]（E. H.

---

10 卡尔，《和平的条件》（Conditions of Peace）。

Carr）精彩描述过的精神和道德堕落时刻的具体体现，沙里宁（Eliel Saarinen）在他最新的一本书里从建筑艺术的角度对此进行了详细深入的讨论[11]。

逃避这个问题是没有用的。随便看一下我们的城市，任何一座，没有例外，都在使出最大的力气去歌颂赞美丑陋。网格状系统也不会搞出什么别的花样，那些"市民中心"也只是把一些不同的建筑汇集到一起。单独看起来漂亮的建筑物，如果在空间上彼此毫无关系，那么它们不会构建出美丽的城市，也不会构建出美丽的市民中心。纽约的弗雷广场（Foley Square）就是这样的例子，设计丑陋，造价昂贵。波士顿的考普利广场（Copley Square）是另一个案例，当然程度有所不同。在这个广场上，麦克金姆设计的图书馆和理查德森（Richardson）设计的三一教堂（Trinity Church）之间的对比和人们对它们的兴趣，被杭廷顿大街（the Huntington Avenue）上那些无趣的店铺和住宅，被不协调的巨大考普利广场酒店破坏殆尽。华盛顿市本来是有机会的，但是在一些拙劣的建筑专业人士的手里，这个城市里的街头艺术被毁了。费城、1811 年以后的纽约、克利夫兰、丹佛、洛杉矶、芝加哥、维因堡（Fort Wayne），所有这些城市都是因为土地的炒作而规划兴建的，从来就没有实现梦想的机会。

1830 年《美国科学与艺术杂志》上的一篇文章，讨论华盛顿特区的时候曾经被引用过，虽然作者的名字未知，但是它很值得在这里用较大的篇幅再引用一次，因为这篇文章的论述非常精辟，作者的观察非常入微：

> 美观并不喜欢矩形。对我们城市的美进行评判，应该是看它留给陌生人的印象如何，而不是它留给我们自己的印象。我们已经对它的形式习以为常了；和它的关联影响了我们的判断；和家庭、朋友的纽带关系扭曲了我们的感知，我们已经不再适合对这个问题进行正确判断。我们清楚地知道这一点，因此非常急迫地想了解陌生人对于我们的城市是怎样想的。这种做法有时或许不太礼貌，但是这样的问题却很自然，我们只需要维持彼此之间的友好关系就好了，或者我们之间的友好和信任让这样的提问根本不成问题。我们需要这样一个人，他能够用不一样的眼光看问题，用不一样的耳朵听声音，在我们出错的地方帮我们纠正，能够更坦诚地对我们的城市进行评价，谁有这样的本领呢？那么我要说，我们应该关注游客们对我们城市的印象，并且从他们的评论中吸取教训。一个矩形的城市，它的规划结构对于游客们来说索然无味。他能很容易地抓住城市的特征，城市的尺度一下子就缩小了：他转过一个又一个的街角，发现这些地方都差不多，没有太大差别，连住宅建筑也采用统一的样式，不管这些东西本身多好看，他对城市早已失去兴趣。他沿街望去，一眼看不到头，给他的感觉像是站在一条无限延伸的道路上。这

---

11 《城市：它的成长、衰败和未来》（*The City: Its Growth, Its Decay, Its Future*），埃利尔·沙里宁，莱因霍尔德书局，1943 年。

样的道路或许很方便，但是我们根本不会有激情去进一步探寻其中的究竟。它可能在道路两旁种有榆树，用漂亮的藤蔓装饰，甚至还有小鸟在欢乐地歌唱，但是，我们站在这里看一眼就够了，为什么非要走过去呢？然而，如果在那条路上距离我们不远处增加一个转弯，我们的好奇心就立刻被调动起来，很想走过去看个究竟。我想起俄亥俄州伍斯特市附近有一条路。我记得它又窄又直，有六七英里那么长。我在那条路上行走的时候，到最后感觉绝对是痛苦至极。我开始觉得自己仿佛被套上一件紧身衣，或许公路的承包商也觉得我是罪有应得。现在让我们回到我们的矩形城市。每个人都还记得自己的感受，就是转过街角看到眼前没有尽头的街景时的那种感受。开始的那一瞬间可能还有些兴奋，但马上就会感到索然乏味、呆滞无聊，我们也就因此无精打采地离开了这里。这样的城市在美学方面只有两个基本原则：对称和整齐。但是在一座城市里，它的多元变化是美观的最基本要素：矩形城市就是到处都一样，所以很快就变得沉闷。我们不乏多元化的实例，大自然已经提供了许多这样的例子：尽管构成两处景色的元素可能都是山石、峰峦、树木、河谷、溪流，但是我们找不到两处一模一样的景色。如果真的一模一样了，我们很快就会感到厌倦，哪怕是出现的次数稍多一点，我们也会感到厌倦。在第一次到达某一个地方的时候，连续不断的新景色会让我们有惊艳的体验，让我们的好奇心愈发强烈，我们因此而感到兴奋；但到最后，唯有当它适应了大自然的新形式、满足了我们对多元化的热爱，才能使它深深地印在我们脑海里。当然，毫无疑问，我们的大自然还有其他法则在对我们施加影响，但是，这一条是最深刻的。让我们来做个试验，假设两处所有细节都一模一样的美丽景色被摆放在一起。我们除了兴奋和好奇之外，是不是会感到一种强烈的失望呢？当我们看完第一个，在对第二个进行估计和期待的时候，由于第二个和第一个毫无二致，会不会有很多是从第一个那里沉淀下来的呢？让我们再进一步，假设有三处这样的景色，我们应该在一开始的时候有短暂的惊艳，但随后便兴趣寥寥；有四处的时候，我们就会感到疲倦；到五处的时候，我们会感到焦虑；到六处的时候，我们必须强迫自己才会去看它们，而且开始讨厌它们了。现在换一个话题。我们的读者可以做一个假设，假设他站在一片树林里，在他身边有一块优美的空地；他转过身来，身边又有一块同样的空地；走了几步以后，身旁又出现一块同样的空地，如此重复下去，无论到哪里，都有这样的空地，没完没了。树林里那些树的树形和叶子可能彼此很不相同；但是我们现在假设它们长得都是一个样子，那么，他还会很愉悦地在树林中散步吗？再假设，这些不同的树如同在大马路两旁排列整齐的行道树那样，一直延伸下去，看不到尽头，你想他会高兴地走在这样的树林里吗？但是，假如这些道路是多变的，时而开阔宽敞，时而阴暗狭窄，有的通向宽广的田野，有的指向幽深的峡谷。当我们想到这样的场景时，我们的感受又会是怎样的呢？这就是多样变化的效果。城市绝不应该是单调的一个模样，哪怕是美好的东西也不可以都是一个样子，否则它就会变得乏味而令人生厌。我喜欢从一座城市的这头走到那头，喜欢被意想不到的景色所吸引；期待在每个转角处，发现某种新形式，或者由多种形式混合而成的组合形式；从这些组合形式中展现出来的品位和智慧会不断地引发我的崇敬之情，让这座城市在我那一知半解的理解中变得高大庄严起来。关于这个话题，我再说最后一两句话：这些话绝对算不上有什么了不起的重要意义，但是也不应该在讨论中被完全忽略。每个人都会想起自己在一个不规则镇子的尖塔上或者附近高地俯视这座城镇时的那种诧异，你会发现原来它是那么渺小。不久前我就曾这样俯视过哈特福德，它只比我想象中的一半大那么一点点。这很自然：局部的被遮挡，反而能起到放大的远期效果，假如你希望用雄伟宏大来让我们震惊，那么就别忽略这一点。

美和丑、赏心悦目和肮脏邋遢、多变和单调的对比，都具有很重要的心理作用。这一点，除了在城市规划领域之外，已经是路人皆知的常识。我们不用引述魔鬼的例子去证明圣经上的话，连尼采也曾经这样说："一切丑陋的东西都会让人变得虚弱和痛苦。它让人联想到破败、危险、无能。它因为丑陋而倍感无力和痛苦。丑陋的效果和作用是可以通过功率表来测量的。当一个人感到压抑的时候，他就会感觉到有一种模模糊糊的丑陋。他对力量的感知、追求力量的意志、他的勇气、他的骄傲都将随着丑陋而减少，随着美丽而增多。"尼采的话在许多哲学博士更严谨（虽然不必然更有说服力）的研究中得到了证实。但是，到目前为止，我们还没有看到任何一种研究，能够找出硬件设施的单调和十足的肮脏与犯罪之间的关系，也没有找到一种研究，能够证明仅仅因为环境的优美就使民众下意识地产生自豪感。当然，直到今天，在关于城市规划的美学考虑方面，除了少数规划师晚上把自己的观点对自己的夫人说一下之外，建筑规划师们唯一能想到的就是用政府的钱来设计自己的纪念碑，而政府公共住宅部门的官员则以经济和效率的名义，彻底予以否定。当我们看到一条林荫大道非常漂亮，或者一个建好的居住小区在美学方面让人感到满意，那么，这样的情形一百次里有九十九次，就像电影里说的，纯属巧合。

中世纪市镇里的那些美学效果都是有意识地创造出来的，卡米洛·西特对此已经有过研究；每一位旅行家都知道这个，并且歪打正着地称之为"绘画构图式的"景致。圣马可广场（Piazza San Marco），萨拉曼卡大广场，不计其数的法国城镇——阿尔比（Albi）、布尔日、沙特尔等地的大教堂广场（Places de la Cathèdrale），英国和比利时的集市，所有这些都是精心设计出来的充满活力的场所。到了后来，在火炮开启了宽阔的大道、文艺复兴找回了静态对称布局的概念之后，平面规划图中的主要轴线开始向着高山、大海，然后变成了精美的柱廊或者建筑物，抑或一组建筑群，也有时深远绵长的大道本身就是一道风景，在远处总有树木向我们走来，直到长途跋涉后，在转角处或者大路的尽端，这个轴线方结束。次要轴线都是认真研究过比例关系的，建筑物也都经过很小心的研究才确定它们的位置、形式和高度。换句话说，建筑规划是三维的、有序的。在一般的网格道路系统里，轴线就成了一系列没有重点的平行线，轴线尽端有时会是垃圾场、贫民窟或者一块空地。

　　这并不是说我们一定要有什么"宏伟规划"或者正弦曲线式的道路才行。我们的意思是在规划中要仔细认真地考虑地形地貌：无论它是高速干道、商业过境公路、平直或者弯曲抑或尽端式的居住区道路，都应该有不同的类型和大小，具有多样性；明白在建筑和植物两个范畴内存在着单调统一的趋势，注意让一条街同另一条街有所区别；布置广场绿地和公共建筑的时候，要考虑它们对周围的影响，考虑它们对彼此之间的影响。最重要的一点是，规划要在三维空间里考虑问题。无论城市的规划图绘制得如何精致漂亮，除非它是从三维空间出发的，否则对于走在城市里的人来说，它是毫无意义的。平面总图仅仅在大方向上对于人的动态、物流的动态做出规划；城市中特定道路或者广场的具体规划才决定了城市是否让人感到愉悦[12]，但是这些规划对于个体建筑物的艺术效果意义不大，因为规划仅仅控制建筑物的体量、外轮廓和位置。事实上，对具体个体建筑艺术进行控制被证明只会让建筑设计变得单调，成为进步的阻碍。欧洲城市的亲民效果，绝大多数缘于它们是由各种"艺术风格"组合而成的——圣马克广场就汇集了从拜占庭时期到巴洛克时期的多种建筑艺术。整体构图效果才是决定性的。如果当地的银行家和联邦住宅管理局坚持要求城里的建筑物都采用当时流行的意大利科德角（Cape Cod）风格的话，那么它虽然有可能取得效果，但是会变得非常乏味。

　　城市规划中的美学考虑、城市空间之间的关系，以及空间与构成城市空间的建筑物之间的关系，所有这些具有社会意义的方方面面都必须成为城市规划的重要组成部分，应该被认为是同城市污水系统、公共活动场地一样重要的内容[13]。

　　城市重新规划中另一个重要的社会学方面的议题是人口数量的下降曲线，而生育率的下降则更为明显。历史经验证明，没有大城市可以自我更新，这是不证自明的真理。当乡村人口占绝大多数的时候，城市自我更新还不是问题，因为有大量的人口储备来满足城市的需要。今天的情况有所不同。1900 年，乡村人口占 60%，城市人口占 40%，这个比例到 1940 年已经变为乡村人口 43.5%、城市人口 56.5%。城市再也不能从乡村这个储备库来补充自己所需要的人口。但是，城市里的家庭规模也远低于所需的自我更新水平，不足以满足城市乃至国家对人口数量的需求。由于人口已经从乡村转移到城市中来

12　见《城镇规划》（*Town Planning*），托马斯·夏普（Thomas Sharp）著，鹈鹕书局（Pelican Books），着重查阅第 102 至 108 页的内容。这本小册子是向普通民众普及城市规划常识的最好书籍之一。

13　巧合的是，为什么我们城市中的活动场地也总是凄凄惨惨的样子，阴冷萧瑟，满面愁容，好像被废弃一样？它们如同抽水马桶内部那样贫瘠而无趣。

了，面临危险的不再仅仅是城市，而是整个国家。从宏观上讲，以牺牲乡村区域为代价的城市化区域越大，这样的危险就越大。另外，因为城市家庭的平均规模少于四人，所以市场对于住宅产品的最大需求不会超过两个睡房，政府和私人的大型开发项目都不会建造比这个平均数更高的产品。出现这样的情况最终会给城市中心区带来灾难性的后果，这个后果现在正在发生着，因为它也在促使有孩子的家庭搬到城市周边郊区的趋势中起到了催化作用。孩子数量到底有什么样的影响，可以从纽约市学校统计数据中窥见一斑。1936 年，共有 1 127 361 名学生，其中有 716 957 名小学生，126 498 名初中生，285 906 名高中生。到了 1943 年，有 525 136 名小学生，144 895 名初中生，242 909 名高中生，学生总人数为 912 940 人，7 年间学生总人数减少 212 421 人[14]。

全国的情况是，在过去的 10 年里，在 1077 座人口超过 1 万的城市中，15 岁以下儿童的数量减少了 12.5%，而 55 岁到 70 岁之间的人口则增长了 36.5%。对于 92 座人口超过 10 万的城市进行调查得到的数据如下[15]：全美国总人口数量，+ 4.5%；92 座城市的数据：5 岁以下，- 14.9%；5 岁至 9 岁，- 20.9%；10 岁至 14 岁，- 4.6%；55 岁至 59 岁，+ 32.5%；60 岁至 64 岁，+ 31.4%；65 岁至 69 岁，+ 53.1%。

当然，即便令人满意的环境是可以得到保证的，它也无法阻止城市和国家人口数量的下降。这个趋势或许是不明原因的长时间生物性波动的一部分，或许是由于高度紧张的城市生活造成了人为的生物性因素变化。艾尼德•查尔斯（Enid Charles）及几位人口专家认为原因是后者，当然也有在城里抚养一个正常的孩子所需要面对的经济问题。费里德利克•阿克曼（Frederick L. Ackerman）把城市生活描述成"高度组织化的不舒服"。

我们非常吃惊地看到，像大都会人寿保险公司（Metropolitan Life Insurance Company）这样的机构非常严肃认真地提出了一项巨大的开发计划，其依据就是平均家庭人口数量为 2.75，而在总数为 12 000 套的公寓当中，只有 400 套超过两个睡房！同样令我们吃惊的是，由于国会立法限制了每户每个房间的平均造价，美国住房管理局（United States Housing Authority，USHA）不得已建造了更多适用于小家庭的住宅，而不是大家庭，至于私人企业就更少建造大户型住宅了。人口流向郊区也就不奇怪了，因为在郊外小区的小户型住宅里平均睡房数量为 2.7 个，能够负担起的家庭自然就搬去那里了。

很显然，未来城市的必要内容就是为家庭提供一个遮风避雨的场所，同时也为孩子打造一个适合他们成长的环境[16]。

---

14 《全体儿童》（*All the Children*），纽约市教育局长第 44 号报告。
15 《城市人口趋势与公立学校》（*Urban Population Trends and the Public School*），弗雷德•康拉德（Fred A. Conrad），亚利桑那大学。该文发表在《小学教育期刊》（*The Elementary School Journal*）；以及第 16 次美国人口普查。
16 克利夫兰•罗杰斯（Cleveland Rodgers）的《纽约的未来规划》（*New York Plans for the Future*）一书针对这个问题进行过大篇幅的有利论述。

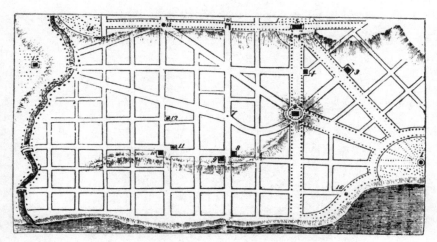

样板城市，1830 年

图例：1. 公共绿地，中心有喷泉 2. 联排住宅 3. 教堂 4. 小型公共建筑 5. 大型公共建筑 6. 凯旋门 7. 喷
泉 8. 银行 9. 教堂 10. 教堂 11. 银行 12. 教堂 13. 纪念碑 14. 公共墓地 15. 高档住宅建筑或者公共纪念
性建筑 16. 纪念碑

请特别注意：图中的黑点表示树木

我们将会注意到，有些道路要比其他道路更宽一些，这种情况对于建造商来说是有利的，因为这些建造商采用的手
段是多元化的。有的人喜欢居住在窄窄的、安静一些的道路上，有些人则喜欢更多公共氛围的街道，有开阔的视野。
在这个城市规划图中，我认为它的规则性结合了变化，简洁性结合了美感，对称性结合了足够的多样性，以适应人
们对各种不同情形的关注。在这里你几乎找不到一条没有观赏对象的街道；几乎没有街头转角在你转过去的时候发
现它是那么平淡而没有惊喜。与此同时，这个规划中的那些特征都可以被我们国家的每一座城市加以采用。

图上标出的 3、4、8、9、10、11 和 12 这几个点，我把它们保留给公共建筑、教堂、银行等性质的建筑。我使用的
词汇是"保留"，这就是说这些地方不仅仅局限于图纸上所标出的内容。人们总是期待那些大型建筑能够成为城市
的装饰品，而一旦做不到这些，广大民众就会提出抱怨。民众的反应是可以理解的，但是，建造商也有权利期待民
众做出某种相应的配合。责任总是相互的。如果民众希望社会为他们建造漂亮的大型公共建筑，那么民众就应该给
建造商提供一块能够充分体现建筑之美的用地，而不是像常常发生的那样，逼迫建造商去一条小胡同里建造这样的
建筑，把这样的大型建筑混杂在城市里最脏乱的居民区中间。其实这些工作很容易取得成效，比如在规划城市的时
候就首先把某些地块预留出来。让我们这样去做：广大民众在适当的时间点上把这些最有价值的地块出让给社会上
能够最大限度地改善城市品质的那些团体或者企业，这样，建筑艺术实际上将从我们这里开始，尽管在眼下我们还
无法设想这些建筑会是什么样子。在大家的关爱下，建筑艺术将因此而回报我们；我们的城市将因此具有装饰品；
我们的城镇将随之改变，我们的土地将在这样的庇佑中成为一个美好的乐园。

——《美国的建筑艺术》，1830 年

第五章

各种努力

城市在财政和硬件设施两方面的衰败实际上并不为一般民众所了解，甚至市政府里的官员也不甚了解，直到经济大萧条来临，他们才恍然大悟。财大气粗的 20 年代已经显露出紧绷的状态，出现衰败之象，但是，股票遮盖了一切。帝国大厦上飞艇碰泊塔的落成，以及固特异（Goodyear）飞艇象征性地围绕着它飞行的举措，标志着这个时期达到顶峰。即便在当时，也找不到比这座不锈钢纪念碑更高的了，它除了代表金融界的浮华风气之外，没有一点实际用途。有些东西必然要垮掉。

当经济崩溃时，城市才发现自己已经面临破产的窘境，城市硬件设施破旧，工业停滞，社会福利体系崩盘。政府设立应急救援机构，其中有公共工程管理署（Public Works Administration，该机构后来改名为公共事业振兴署［Works Progress Administration］）、买房人贷款公司（Home Owners' Loan Corporation, HOLC）。这些机构必须尽快采取措施，没有时间进行全面的规划。尽管多年以来人们七嘴八舌地谈论城市规划，但到这时根本没有一个全面的城市规划。建设工程因为迫切需要，就匆匆上马了。必须给民众提供工作机会，建筑工业是最主要的一个，它可以刺激带动其他产业的发展。学校、公路、污水处理工厂、住宅、民用公共建筑等项目，草草地确定了项目地点后就开始动工兴建了，至于城市未来的发展根本顾不上，其实除了解决暂时的就业问题外，别的都不予考虑，全国上下现在最需要的就是打一针强心剂。很多建设资金来自联邦的拨款，其余的也是联邦的低利率贷款，偿还时间也非常宽松。

以前曾经饱受"眼病"痛苦折磨的城市，如华盛顿和布法罗，对于国会山或者市政厅阴影下的污秽场所视而不见，却忽然之间全都特别在意那些贫民窟、衰败区和城市的年久失修。罗伯特·卡恩（Robert D. Kohn）作为公共工程管理署住房部的主管考察了全国各地的情况，他事后说，从前负责接待的委员们都会小心地安排路线，尽可能地让考察团在主要路线上看到当地百万富豪的住宅，现在他们则带着考察团的人来到城市棚户区，去看泥泞道路上的车痕，或者去看无家可归者的露宿地点，夸大其词地描述贫民窟的范围和露宿街头的人数。现在全国三分之二的人都了解了另外三分之一的人住在哪里，因为通过利用这些现有的贫民窟，这些城市就可以把手伸进联邦政府的钱罐子里抓钱。

土木工程管理署（Civil Works Administration）做了许多紧急、必需但被忽略的工作，其中一项是整理了一份不动产清单（Real Property Inventory）。这份清单揭露了当时令人吃惊的状况，情况之严重，哪怕是只做一个最初级的民事普查，就可以揭露这些问题。我们的城市根本无法自我更新，如同得了麻风病的病人，其器官已经无法进行新陈代谢，无法长出新的肌体组织。

家庭贷款银行接管了抵押贷款业务，本来有机会控制市中心区域一半的产权。在一些不负责任的地产炒作团体的鼓动下和一些不负责任的贷款机构的怂恿与唆使下，那些贫穷的人，或者接近贫穷的人，误把自己欠银行的房子当成了自己拥有的房子，于是房产成交量呈爆炸式增长。城市扩张、居高不下的建造成本和土地成本、巨额的融资，这些打破了古老的理想信念，家不再是"不欠债、不抵押"（free and clear）、完全归个人所有的财产。以前人们是借钱来买房子，现在是借房子然后还钱[1]。

这个所谓"拥有自己房产"的虚幻故事不仅仅局限在住房这一个领域。超过100%的贷款是贷给一批买办公楼、酒店、公寓建筑和"债券"的人。那些债券是由华尔街掌握，胡乱地卖给一些寡妇和儿童的东西。这种名义上的产权所有者实际上在很多情况下，根本没有任何属于自己的资产可言，债券背后的所谓"证券"其实不过是一堆建筑材料，即便在好年景，这些东西也不会卖出好价钱来支付利息，而到了坏年景，甚至想卖都卖不掉。这些大机构组织在投资房地产时，没有一个会设立自己的储备金，信托公司、物业主人、放贷抵押公司甚至包括私人业主也都没有设立自己的储备金。大家接受个人所得税方面的"折旧"损失，但乐观地认为土地价值的增加速度总会超过建筑物的损坏速度，于是不管最后的结果是什么，先把能得到的利益拿到手再说。1872年，市中心主要大街路口的一处物业每平方英尺只有50美分，到了1902年，它已经"值"4美元了，所以到了1932年它将会值7美元，难道不是吗？

的确不是。

就在买房人贷款公司忙于拯救焦头烂额的业主和放贷公司的时候，联邦住宅管理局启动了一项计划，旨在刺激一下房屋建筑业。为了实现自己的目标，管理局制订了一套自己的目标，而这些目标中很多完全是同买房人贷款公司的目标背道而驰的。为了尽快开工建造，联邦住宅管理局出面向银行担保贷款本金，以换取银行的低利率和延长偿还时间。买房人贷款公司自然希望高利率和短期贷款，这样对放贷公司有利。两者都没有展现出自己对消费者利益的考虑。然而，联邦住宅管理局的政策有不少对消费者产生了直接的影响。不但贷款利率降低，还贷周期放宽，还贷期间的压力因此降低，而且贷款的额度也提高到80%，这样就排除了过去系统中的弊端，也就是消费者不必去寻找第二个抵押贷款。整个贷款流程被极大地简化了，每月只需还一次按揭，其中包括了贷款利息、分期偿还的部分本金、税金及保险各项内容，这对消费者非常有吸引力。但是，长周期的分期付款是否有利还有待证明。欧内斯特·费雪（Ernest M. Fisher）曾经说过一段话，他也许是在讥讽。他说："住房贷款计划好与不好，

1　买房人贷款公司（HOLC）曾经接受了超过100万份的抵押资产，大致上相当于全美国抵押购房总数的18%，即便这样，它所受理的重新再贷款申请也只有34%。不仅如此，到了20世纪40年代末，HOLC不得不将手中所接受资产的六分之一取消赎回权。该机构无法挽救数以十万计走投无路的业主，这个现象说明，20年代在政府和商业界的鼓动下购买房屋的情况已经走向了极端。（引自约翰·迪恩［John P. Dean］，《拥有自己的住房，这是一个好主意吗？》［Home Ownership, Is It Sound?］，哈泼斯出版社，1945年。）

一个最根本的检验标准是看它是否方便偿还负债。如果是一个好的贷款计划，那么它一定是鼓励偿清，而不是永远地背负债务。"[2]

在对贷款进行担保中，为了将风险降到最低，联邦住宅管理局发现必须确立建筑选址、场地规划设计、建设施工方面的标准才行。由于政府提供了保证，排除了"风险资本"的所有风险，放贷机构和建筑承包商对建筑品质就变得满不在乎，除非被迫要求保证建筑品质。在建筑界，尤其是住宅建筑行业，有一个重要的特征，那就是这个行业完全建立在"货物出手，概不退换"（caveat emptor）的原则之上。产权一旦过户，购买者是没有机会反悔的，无论后来发现产品是多么糟糕也不能退换，几乎很少有建造商愿意或者能够对自己的产品负责。房地产相关法律也都是为了保护放贷者的利益，从来没有考虑过购买者的利益。因此，联邦住宅管理局的这些标准有积极的意义，它们在本质上是让购房者放心，确保这些住宅至少能满足优良建筑施工的最低标准，场地规划中包含了必要的市政管线，同时也包含了一定的优秀规划元素，比如交通分流、街区够大、有公园、有娱乐活动场地，以及为相对孤立的小区配置相关的社区服务设施。这样，在经过"联邦住宅管理局确认过的"项目里，郊外小区炒作开发中那些最坏的手段就被排除了，这是一句非常了不起的口号，它开始对小房子买主们具有真正的意义[3]。

联邦住宅管理局政策的核心是为了进入最大的潜在市场，也就是所谓的"中产阶级中的下层"，这批人在经济财力上是没有问题的，但是他们在总体上还没有实力负担起城市中心区或者大都市聚集区里的新住所。因此，联邦住宅管理局所负责的大多数项目，无论是出售或是出租，都选在郊区或者城市边缘区域，因为这些项目的土地价格必须便宜。这自然加速了城市向外疏散的趋势，同时通过虹吸作用又带动更多的人向远离市区的地方转移，在很大程度上加剧了城市中心区的衰落，也更加损害了旧城中心区物业的抵押价值。

与此同时，公共工程管理署下设的住房部进入大规模住房开发领域，它试图通过协助私营企业中的有限股利公司最先进入后来联邦住宅管理局看中的市场。在纽约市，在州住宅委员会的监管之下，尽管此类项目数量不大，项目地点也没有超出纽约市的范围，但是这类购房资助计划仍然取得了相当大的成功。而公共工程管理署按照这一思路所做的努力则是不成功的，因为在它的建制体系中有太多欺诈行为和华而不实的东西，通常想把一些毫无价值的废地以掩人耳目的手段卖给政府，导致最终它只能放弃这类项目。仅有为数不多的此类项目最终得到批准并建成使用。相反，公共工程管理署给美

---

2 该文出现在"全国战后住房研讨会"上的一篇讲话稿，芝加哥，1944 年 3 月 9 日。
3 关于住房建造和拥有自己住房的问题，市面上有一份非常全面清楚的报告，见《美国住房问题》（*American Housing*），克林（Miles L. Colean）等人编辑，20 世纪基金会，1944 年。同时参见《拥有自己的住房，这是一个好主意吗？》，约翰·迪恩著，哈泼斯出版社，1945 年；《社区的设计和控制：规划小区的一项分析》，亨利·丘吉尔，全国集合式住房委员会，纽约，1944 年。

国提供了第一批真正意义上的公共廉租房。

这些廉租房项目饱受各界的批评，尽管这些项目因为种种原因成本相当高，但是，它们体现了一些重要的基本原则：政府补贴在很大程度上以财政拨款的方式进行；发展出了超级街区的设计模式；住宅建筑为多层无电梯房；建筑覆盖率较低；建筑密度适当；室内空间设计保证了房间比较宽大，布局适合居住。

到了1937年，人们对于公共住房的关注达到了一定程度，因此政府有必要设立美国住房管理局，现在该机构改名为联邦公共住房管理局。这个机构的权责就是制订一项工作计划，把贫民窟清理干净，同时为占全国人口三分之一的低收入家庭提供"正常、安全、卫生的居住条件"。因此，这个机构需要直接面对城市中的各种问题。乡村里的贫困区则由重新安置管理署来负责。

美国住房管理局面临着一项强制性的要求，即清除贫民窟，通过就地全部拆除或者"等同替换淘汰制"的策略。所谓"等同替换淘汰制"策略就是，当地市政部门动用自己的执法权力，查封或关闭、拆除或修复的旧住宅的数量，同美国住房管理局通过当地的代理机构负责修建的住房单元的数目相等。从这个角度来看，美国住房管理局并没有增加美国全国的住宅总数，而且它还发现自己正面临着土地"价值"这个旧问题带来的两难窘境。在多数情况下，美国住房管理局选择在城市周边的空地或者半空的地块上建造住房；在有限的几个实例中，基本上在纽约市比较明显，建设地点选在了靠近市区的位置，但是密度被提高来消化土地的成本。在这两种方式中，无论采用哪一种，一种直接减少市区里的人口数，一种在有限的地块内大幅度地增加人口密度，其结果都加速了城市衰败的程度。对于这个现象的理性分析是这样的：一方面，在关心社会福利的人们眼里，它把未来的土地价值和房租拉下来了，让未来购买土地的价格下降，让眼下的房租降低；而另一方面，在房地产人士和政府经济学家的眼里，它提高了项目所在地社区的土地价值，同时让治安管理和卫生健康服务成本有所降低。

美国住房管理局的计划的确为有限的贫民住户提供了正常、卫生的住房，但是，它并没有找出解决住房和清除贫民窟问题的有效方法，而城市规划工作也仅仅得到一些口惠，没有实质性帮助。美国住房管理局没能找到解决这些问题的有效办法，这让该机构饱受各界严厉的批评，其中批评言辞最激烈的就是最积极阻止国会通过批准拨款来进行长远规划研究的团体。这是非常典型的目标混乱、利益冲突所导致的结果。美国住房管理局在全国宣传超级街区的理念并开始考虑居住区规划。众所周知，美国住房管理局在推行自己计划时，没能兼顾到与城市整体规划的协调，也没有考虑到周边现状的特征，这是它失败的关键所在。华盛顿以经济为理由推广了一种单调僵化的设计。美国住房管理局的项目与第一次世界大战时期的住房、私人企业的集合住宅，或者与公共工程管理署早期的项目相比，成本低得令人惊讶，但是建筑施工质量确实非常好。然而，成本的事情很快就被人遗忘了，而需要长期面对的视觉效果却糟糕得一塌糊涂。这类建筑在尺度上和周边的建筑格格不入，设计本身也乏味无聊、毫无生气，从东海岸到西海岸，一看便知，这些都是给穷人设计的房子，因为穷人只能负担起这样的房子。

当然，这类建筑也还是有一些例外的，而这些例外大多是因为美国住房管理局地方代理机构的坚持，以及倔强的建筑师们顶住来自华盛顿方面的压力。然而，绝大多数的建筑不可能不惜任何代价地去抵抗来自经济方面的强制要求。除了统计数据和财务复式记账两种方法之外，其他任何方法均不可以使用，绝不能允许那些不严肃的视觉满意之类的抽象概念来影响我们的工作。

在政府主导下，由政府和私营企业开发的大型住宅项目加剧了城市的衰败，很少或者根本没有帮助城市去解决那些关键问题。人们做事总是模棱两可，企图左右逢源，在经济政策方面也从来没有一个明确的方向，这样所导致的后果就是无法制订出一个真正的城市规划。

尽管缺乏规划会造成明显的混乱和错误，但是反对规划的偏见仍然以各种各样的伪装出现，层出不穷。在国家层面上还是有一定规划的，但是也都分散于众多不同的行政部门，其中最主要的一个是国家资源规划委员会（National Resources Planning Board，NRPB）。它对于国家资源进行过一次非常出色的调研，包括自然资源和人力资源，并据此给予区域和各个州的规划工作巨大帮助，组织和鼓励各地的具体规划。这个机构的工作只要仍然停留在调研和倡议阶段，它就被容忍存在，一旦它终于准备冒险进入实际运作以确保社会保障事业得到落实，那么国会随即就会把它枪毙掉。在城市规划领域里，这个机构完成的一系列报告构成了我们向着未来努力的基础工作中最关键的内容[4]。

国家资源规划委员会也曾散发过一些小册子，这些都是其庞大调查报告的摘录，目的就是向大众宣传自己的工作。该机构在全国各地都有自己的办公室和分支机构，在普及区域规划理念方面做了大量出色的工作，因此这个机构的影响力遍及各地。

联邦住宅管理局、联邦储备银行、买房人贷款公司、农场保险管理署（Farm Securities Administration，该机构的前身是重新安置管理署）等机构也分别就城市和住房问题进行了各自的调研。这些机构的调研都有价值，涉及了一个复杂问题的多个方面。但是，这些研究结果没有被整理到一起，难以形成一个完整而有机的整体政策。而且，这些结果过于专业，只有专业人士才会对它们感兴趣，普通民众根本无从了解。

当总统通过行政命令的手段，把与公共住房有关的 16 个机构置于全国住房管理局（National Housing Agency）的管理之下以后，这种混乱的局面才有所改善。但是，这是一个战时设置的临时机构，无法开展全面的城市和住房方面的研究，尽管它已经开始着手做了一些。这个机构必须配备一个从事技术研究和数据收集的分部，只有这样，才可能把政府里面建筑、设备、管理等多个部门过去的经验向关注此事的民众加以说明。这应该是一个为民众提供服务的部门，而不是像标准局（Bureau of Standards）那样，仅仅为制造业服务。

4　主要成果包括：《我们的城市，它们在全国经济中的角色》（*Our Cities, Their Role in the National Economy*）、《城市规划和土地问题》（*Urban Planning and Land Problems*）和《变化的人口数量所产生的问题》（*Problems of a Changing Population*）。

从单纯的地方区域层面来讲，根本就没有过什么规划。1937 年制订的美国住房法规（United States Housing Act）授权各州设立相应的管理局来具体执行该法规。该法规完全是由各地的志愿者来执行的，这些市民不拿一分钱报酬，政府的预算仅仅包括了一些文职人员和技术人员的工资。至于长期的经济援助和整体规划，政府没有这方面的预算。纽约市要比其他地方运气好一些。因为那里被认定为不安全建筑物数量巨大，纽约市便和业主达成协议，由公共事业振兴署（救灾部门）的工人负责拆除，业主则获得省税的好处，市政府变卖拆卸下来的建筑材料来资助一些调研。城市规划市长委员会（Mayor's Committee on City Planning）也在公共事业振兴署的协助下完成了一些非常关键的基础性研究，同时对城市的现状进行了普查，为不动产清单整理工作提供帮助。

在其他城市里，尤其是中等规模的城市，当地管理局所能做的仅仅是一些迫在眉睫的事项，别的什么也做不了。在极个别情况下，某位有远见又有能力的局长可以发挥自己的影响力，征用一些公共和私人资源来从事某种研究。但是，这样做的最好结果也只能是在有限的范围里零星研究。

现在看起来，在近期，我们应当把当地住房管理局的人员收入当地政府的固定编制，成为领薪水的委员会成员。因为这是非常大的公共款项，动辄数千万美元，尤为重要的是，管理局制定的政策影响到 2.5 万人或者更多人的生活，无论那些志愿者多么有能力、多么关心我们的社区，把这么庞大的资金和项目交给一群不领工资的兼职志愿者，这简直是开玩笑。把一些机构转变成政府中某个职能部门的做法，在此之前曾经有过大量的先例可循，比如学校管理委员会、卫生健康委员会、图书馆管理委员会等。这些以前都是政府以外的机构，现在都变成了市政府职能部门，直接对市长负责，对市民负责。

住房管理局缺少资金的问题同样也困扰着城市规划委员会。这些委员会中有不少本来就没有什么活力，而那些仍然有活力的部门，因为缺乏民众的支持而得不到资金，也因此变得没有什么影响力。国家资源规划委员会和美国住房管理局两个机构做了大量的有益工作和努力，意在唤起市议会对城市规划委员会的重视。纽约的新规定允许市政府设置一个薪资优厚、半独立的委员会，委员会的权力很大，它下发的行政命令非常有力。由于这样和那样的原因，这个委员会到目前还没有取得什么成绩，做的工作都是一些日常事务，根本没有发挥出它作为半独立机构的优势。但是，芝加哥的规划委员会（Chicago Plan Commission）则取得了令人瞩目的成就。在对居住社区和变化的工业现状进行一系列广泛而深入的研究之前，伯纳姆规划总图中的那些豪斯曼式的大道已丧失优势。这些调研分析的结果并不引人注目，但是对于城市未来的健康发展非常重要。它们或许有机会像引人注目的湖滨改造规划那样，取得令人骄傲的成就，但真实的结果还有待观察。

在城市结构比较混乱的框架下，针对如何有技巧地组织住宅小区的规划，洛杉矶也做了非常有价值的贡献。

很多小一点的城市也会安排自己的规划委员会做一些研究，制订一些规划图。在这些成果中，有些在分析问题方面非常出色，很多在收集数据和普查现状方面非常全面。还有为数不多的几份报告提出了关于市民的问题及城市作为人们居住场所的问题。但是，这些报告中有哪些会通过认真的行动得以实现，还取决于有利的经济和社会环境的发展。如果土地炒作还在进行，住宅建筑还在兴建，那么，报告里的结论都不可能实现，因为这些有利于民众福祉、要求对过程加以严格管理的行为与炒作是对立的。

一些小城市做一些管理方面的尝试，打算把多个机关和部门捆绑到一起，比如把住房管理局、规划委员会，甚至县级和区域规划委员会，通过"交叉董事会"的办法结合到一起。一个机关的执行董事可能是另一个机关的董事长，在某些情况下，他可能同时是两个机关的执行董事。克利夫兰、锡拉丘斯（Syracuse）、路易斯维尔（Louisville）及很多其他地方都不同程度地尝试过这样的做法。

因此，城市改建计划、衰败区域复兴计划等这类规划的图纸铺天盖地。假如这个现象能透露给我们任何信息的话，那就是，城市硬件设施的规划理念正在慢慢地但非常明确地向前推进着。经济计划的向前推进、法律的调整、文化的调整如果不能提前进行的话，至少必须同步。正如我们之前探讨过的，经济计划从来没有跟上过城市硬件设施规划的技术。

到目前为止，我们还没有解决我们的思想问题，因此也就不能解决在整治行动、公众的努力目标、私人企业等诸多方面的问题。

到目前为止，我们还没有做到让私人的眼前利益服从于私人的长远利益和民众的利益。

到目前为止，在城市硬件设施规划这个广阔的领域里，我们还没有确立切实可行的目标，这个目标既不会局限于对眼前利益的让步而使得规划变得毫无意义甚至有害，也不会不着边际地空泛，彻底地脱离当前社会的大环境，以至对它的最终目标是否能够实现都心存疑惑。

这些目标目前正在酝酿之中，并逐渐变得清晰。无论这些目标最后变成什么，它们在演化过程中的支撑点就在于必须在民主社会里严格地控制土地。

针对前面的两点认识，似乎有必要在这里简明扼要地讨论一下，第三点将作为本书最后一章的内容来讨论。

在任何大规模工程行动中，所谓的公共事业和私营企业之间的冲突，其实在很大程度上是一个语义方面的问题。当一个企业的资金以数百万美元计算，并且影响到数千人的生活时，这个企业必定受到广大民众利益和意愿对它的影响；通常企业本身也必定有公共资金或者半公共资金的支持。

在贫民窟清除、城市更新改造和大型住房项目中，公共事业和私营企业活动之间的界限几乎消失了。公共项目使用的资金从广义上说都来自民众，有的是通过税收，有的是靠发行债券。购买债券的人也是民众，而利息和本金的分期返还可以通过税务方面或者租金方面的协议来完成。私营企业的活动所使用的资金同样也来自民众：它是通过在获得超额利润之后把盈利分发下去的方式；通过返还"神圣信托基金"投资的方式，这些信托基金经过银行和保险公司的渠道汇集了普通民众的资金；通过直接使用这些基金或者出售分期付款的债券方式，或者通过出售以分期付款形式出现的"债券"的方式。无论是哪一种情况，资金都来自成千上万的普通民众。公共事业单位也好，私营企业也罢，它们均通过雇用建筑师、工程师、总承包商来完成自己的工作。两者都从私营仓库和厂商那里购买自己的材料，雇用的劳动力也都来自于同一个市场。两者都用租金来偿还建设投入的成本，也就是说，还是民众在支付这些成本。"廉租房"是为自己负担不起住房的民众提供的服务，住房本身就是一种直接的补贴方式，这种补贴方式也为大家所赞许。"有限红利"式集体住房是通过部分免税的办法来获得补贴的，因为支付住房的有限租金而获得一些退税上的好处。大规模城市再开发的倡导者们与小建筑商联合会联合起来，争取和其他大公司一样的优惠和补贴，争取把土地成本写入税前部分，以减免税负担，争取免除必须支付常规工资的义务或者在规划上放宽要求。他们提出了一个新口号：私营企业争取公共补贴的美国方式。

大规模项目获得公共的补贴，这本身没有什么错，这的确是一种美国方式，或者说是众多方式之一，而且从亚历山大·汉密尔顿时期就已经开始采用这样的方式。只有当私营企业不顾公共利益，拒绝承担自己的义务、职责，失去控制时，补贴才成为一种邪恶。

大型公共企业和大型私营企业在本质上的这种相似性绝不仅仅局限于经济方面。比如，对住户生活的管理，也就是公共项目中的"强制性规定"（regimentation），在帕克切斯特（Parkchester）和在皇后桥住宅群（Queensbridge Houses）是一样的，现行规章制度在鲍德温山村（Baldwin Hills Village）与在拉莫娜花园（Ramona Gardens）一样严格。

在城市规划领域里，在私营企业和公共事业之间仍然存在着一定的混淆。这种混淆归根结底回到很久以前在交通和通信领域里曾经上演过的一种古老的对抗，就是让私营企业的眼前利益服从于广大民众的利益，对于私营企业的利益加以规范和稳定，不允许炒作。为了保护民众的利益，铁路、公共汽车公司、电话、电报和电台（这些全是私营企业），最后都不得不接受公众的控制。大型私营住房项目迟早被迫接受这样的管控，其背后的道理是一样的。

英国最著名的一份关于土地使用和管理的报告，人称《尤斯瓦特报告》[5]，关于这件事情是这样说的：

> 土地控制在很多人的手里，每个人的利益在于把属于自己的那块土地投入到最有市场的用途当中去，这是一个事实。然而政府和社区的需要则是让所有的土地都得到最好的利用，与投资回报没有关系。对于社区来说，如果规划是一种不可或缺的手段，同时对社区又有好处，那么毋庸置疑的是，必须找到一种手段消除私人利益和公共利益之间的冲突。

它和摩尔（More）的乌托邦一样，成为不远处的一粒尘埃。

---

5 《专家委员会关于城市的补偿和改善问题》（*Expert Committee on Compensation and Betterment*），贾斯蒂斯·尤斯瓦特（Justice Uthwatt），委员会主席，第37（b）（ii）节。工程和规划部。

工业区和居住区的混杂——大都市的外围现状。

一座典型的小型城市。请注意大块空地和挤在一起的住房。空置的地块和狭窄的建筑面宽，千篇一律的道路模式。与此形成鲜明对比的是利奇菲尔德市的照片、洛杉矶整改再开发的方案。

"此起彼伏的屋顶和尖塔"。

3 层楼高的公寓建筑及两栋楼中间的"院子"。没有自然采光、没有自然通风、没有造型——只有无穷尽的乏味和单调——这类建筑从布鲁克林一直延续到旧金山。

一种试图实现多样化的尝试，产生可怕的结果。你真的认真观察过这些吗？

"全社会作为一个整体······负有主要责任······"

一条充满内涵的街道——这里的房子并不特别好看，但是这里的环境却是令人愉悦的。

千篇一律的单调住宅、一条看不到终点的街道。你常常会走在这样的道路上。

"全社会作为一个整体……应该为此付出代价。"

衰败。它就发生在你身边。

那些能搬到郊区居住的人把这些房子留给你去处理。

没有规划的结果：一个新的居住小
区——道路没有铺装，没有绿植，
环境荒凉：全部抵押给借贷公司，
但这就是家。它就在你所居住的城
市周边。

消减了的尊严。这些联排住宅已经
有 60 年房龄了。变坏的是周围的环
境，这些房子还很不错。

"阳光城市"——芝加哥版本。

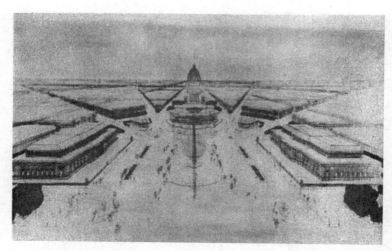

芝加哥。伯纳姆版本的规
划方案。"市民中心建筑
发展效果图"。

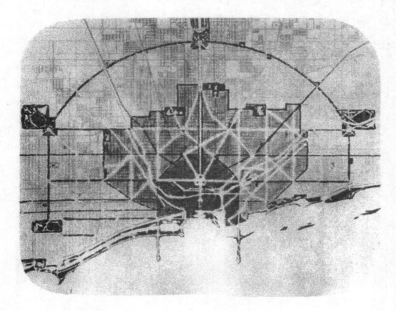

芝加哥。伯纳姆版本的规
划方案，1909 年。概念方
案，不是实测平面图。

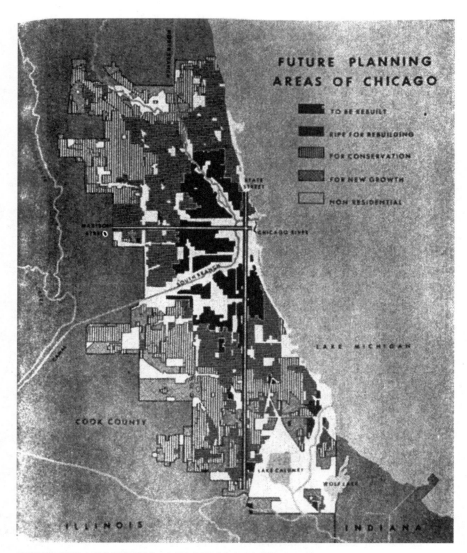

这张图显示了什么是我们需要做的，但是问题是我们应该怎样做。1944 年。

这里不是心脏,而是其他内脏器官。
我们城市中那些数不尽的贫民区。

随处可见的主要街道。

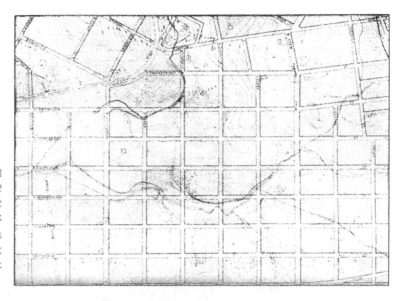

"城市规划图，费城，1871 年：一个网格道路系统，应用于一个山地间的河谷，该规划根本不管等高线的变化，或者说它根本不管不同道路上的不同交通需求。规划方案也没有提出关于河岸的有效使用办法；有些道路根本就无法施工建设。"

"同一个地区重新进行规划，1925 年：道路根据等高线进行重新调整；主要过境道路与市内道路进行区别处理。沿河增加了公园和公共机关设施；每块用地都通过用地性质的划分，即控规的手段，来确保该规划方案能够实现。"

古老的社区作为新社区发展的核心（伦敦郡总图）。

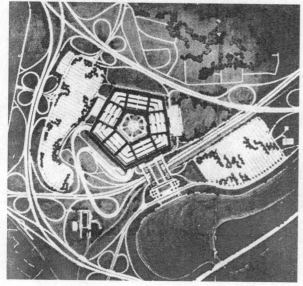

幻想曲。五角大楼，华盛顿特区。"当一个可以容纳 40 000 人的建筑物建成的时候，其结果就是这个样子，如这张模型照片所显示的那样：一个充满了幻想的道路系统，花草形状的坡道、上下立体交叉桥。这个项目的影响力并不仅仅局限于这块 400 英亩的用地。因为在四周数英里之外都能看到五角大楼：这里是重新整治过的贫民窟，现在有宽阔的大道、新建立起来的通往国会山的完善道路系统。五角大楼项目中最有意义的经验是：当建筑在技术上可以达到这样的尺度时，建筑艺术和城市规划之间的界限就开始消失了。尽管五角大楼项目有这样和那样的不足，但是它给了我们一个机会，让我们看到真实的未来是什么样子的。"

查塔姆村

鲍德温山村

纽约市皇后桥住宅群。总图：城市中一个"超级街区"的平面图——6个大街区取代了原先的12个街区。6层高的公寓楼、商业中心、社区文化中心、幼儿园、各街区里的集中绿地。12 000名居民，同一个收入阶层。建筑师是巴拉德（W. F. R. Ballard）、丘吉尔、弗罗斯特（Frederick G. Frost）、特纳（Burnett Turner）。

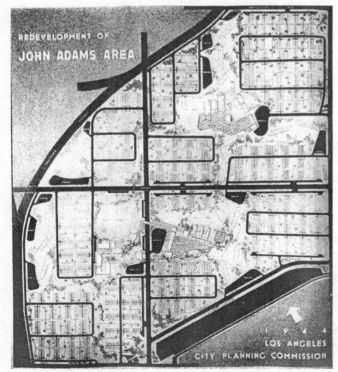

一种新方法——在城市中把社区全部整合起来。主要的道路布置在周边，主要出入口与服务于社区内部的道路分开。在这个方案里，有独栋住宅、联排住宅、公寓单元、学校（包括初级中学）、活动场地和社区服务设施，连接这些设施的道路都十分方便。轻工业也在附近。一种未来的模式开始演变。

《第六章

发展方向 》

我们的城市，无论大小，都正在解体，正在散架。人们讨论了很多关于城市的重新规划问题。但是，假如我们的"重新规划"所能够带来的变化就是让一切保持原状的话，那这样的规划根本没有意义。有一个问题，我们从来没有真正地思考回答过：我们打算规划出的城市是什么样的呢？

在一个处于变化中的世界里，规划一座城市不是一个随意的过程。不可避免地，科技的改变是一股力量，它会带来经济和社会的改变。这股力量会左右我们的城市规划方案。问题的关键是我们如何选择，是对这股力量视而不见，还是尝试着围绕这股力量来建造我们的城市。

规划想必是人们向往秩序这样一种意愿的具体体现。在日常生活的过程中，城市中一定要有一个参照体系，它既是实体的，也是精神上的；这个参照体系必须是容易识别的，人们在其中的活动应该是相对自由的。它的范围是由全体社会确定的，而一旦城市规划方案生效，它所覆盖的面积必须在这个范围之内。但是，这个范围实际上要比那些担心的保守派所想象的范围大很多，也灵活很多。

假如说未来的城市与今天和昨天的城市确实有所不同的话，那么它到底不同在哪里，为什么不同？哪些东西是必须加以改造的，而且又是受委托来规划城市的专家应该时刻记住的？

它们有很多，而且也非常多元化。它们从四面八方汇集到规划师的面前，从各个角度来对他的问题施加影响。我们不可能指出哪一个是规划师首先要考虑的，哪一个是第二位的，因为它们相互影响，没有一个是孤立的。经济上的压力是由于技术上的改变造成的，而技术上的改变也反过来产生了新的压力，给社会带来了新的负担，造成社会的不安定，产生对法律、政治、财政方面进行重新调整的需求。这三个方面总是远远落后于我们这个社会中的主旋律，亦即商业和工业企业的进步，总是显得很保守。从本质上讲，法律就是为了保护那些懦弱和心存恐惧的人，但是强者常常违反法律；政治上的行动速度也只能局限在全体选民允许的范围内；而财政政策则要完全看法律和政治的脸色行事。在一个民主社会里，城市规划实际就是法律、政治、财政这三个方面的事情，因此，它只能慢慢地向前推进。

可能有些重复，但还是有必要简明扼要地说明一下上面说到的那些力量和压力。更重要的是以下几点：

电力的生产来源和电力分配的发展。内燃机引擎改变了交通方式，起初带给我们汽车，现在又带给我们飞机。下一个很有可能就是用无线的方式传送电力，或者通过利用高能爆炸或者电子能产生的某种原子能量。可以肯定的是，今天这种相对低效的引擎一定不是最后的归宿。

电力改变了工业生产，既改变了它的过程，也改变了它的生产地点。电子管及其他电子产品的发展正在改变各种工作的过程和通信方式。在物理、化学、生物方面的发明或许会彻底改变工厂和原材料之间的关系，有可能发展出培育原材料的新来源。举例来说，原材料中的蚕丝是古老的东西，而大豆和棉花相对来说则是新的。这些原材料与开采矿山获得的原材料同样重要。轻金属材料和塑料使用的不断增加也将会带来工业的改变。所有这些变化都趋向：对生产场地、空间的需要不断地减少，生产地点也越来越少地固定在某个地方，在操作上需要更少的人工、更多的技能，这样便带来更多的休闲时间。

在医药方面更多的化学新发现将会进一步降低死亡率，延长人们的寿命。它带来的结果非常重要，不仅仅对于美国和欧洲来说十分重要，对于亚洲也同样重要。

以上这些新趋势及其他的新发展将使得对集中的工业和人口进行疏散变为可能。轰炸机和炸弹让对集中的工业和人口进行疏散显得十分迫切。正如过去的重型火炮推平了城墙一样，威力强大的炸弹将把城市炸得粉碎。催生出重型火炮的冶金、物理、化学方面的技术变革现在再次发生了。导致死亡和破坏的新方法与生命和生产的新方法实际上是同一种东西。

这些力量所带来的压力将会在不同层次上，从实体硬件方面、社会方面和经济方面影响我们的城市。

在国际层面上，空中交通和由此带来的新兴市场将要求建立起新的贸易通道和物流中心，必将超越某些现有的框架。"你想去东方就要向北飞行"之类的现象你必须牢记。与包括印度在内的东方国家的贸易必定会增加，而我们国家的外贸走向也必将是继续向西。和平带来的结果必将会很具体地反映在我们的城市成长过程中和城市的性质上面。

在国家层面上，总的来讲，制造业选址时更多的是选择靠近销售市场而不是原材料来源地，这一点为陆地和空中的交通运输提供了大量的设施。集中式的工业生产中心伴有多层的厂房和仓库、拥挤的道路、高税率、复杂的建筑法规，因此长久以来一直有一种强烈的意愿，即打破这种集中式的工业中心，将其疏散到周边外围的区域，在那里工厂可以建为1层的建筑，周围拥有足够的停车场。不管新的电力来源是何种形式，它都会继续刺激工业中心向外疏散。不可避免地，这也将影响到我们居住社区的形态。因此，必然形成的所谓的"区域规划"或者"地理规划"将具有非常重要的意义。田纳西河流域管理局是所谓的地理技术的第一个实际应用案例。对于这种综合方式所蕴藏的巨大潜力，人们丝毫不会怀疑：田纳西河流域管理局的成就有目共睹；每个人都应该读一读大卫·利连索尔（David E. Lilienthal）的书《田纳西河流域管理局——前进中的民主》（*TVA – Democracy on the March*）。这本书指出了民主制度的优越性，以及以民主的决策方式从事城市规划是可行的。除了田纳西河流域管理局所辖区域的这些成就之外，还有波尔多水坝（Boulder Dam）和邦尼维尔水坝（Bonneville Dam）带给我们的肥沃农田和充足电力，有从落基山脉（the Rockies）新开出的矿井，古老的康涅狄格河谷、特拉华河谷正在进行重新规划，中部大平原许多大河流的巨大潜力将得到开发。

城市层面则是我们最关心的，尤其是我们的城市规划问题。来自国家和国际上的压力来得比较慢，但是非常无情，因此具体城市的规划工作必须时刻考虑到城市本身与国家、国际之间的关系。城市层面的压力是迫在眉睫、就在身边的。这些是规划师必须关注的问题，它们是城市规划的目的和评判标准。

大都会城市区域里的人口外流趋势几乎可以肯定会继续下去。两个主要因素在此发挥作用：一个是前面提到的工厂选址的变动，人口自然跟随工厂而去；另一个是因为现代交通方式让外围大片土地变得可以利用，而具有经济能力的人会充分利用这一机会。经济上的"盈余"过去在以农业为主的经济体制中曾经是城市的特征，现在它不再为人口密集区域所独有。这份盈余带给人们的后果，亦即休闲娱乐及其催生并消费的文化的发展，也都不再为人口密集区域所独有，而且也将会越来越如此。书籍、电影、广播电台、电视都很少再依赖于城市中心区。随着未来交通方式的改进，很显然，假如大都会博物馆（Metropolitan Museum）设在诸如白原市（White Plains）这样的城市会为民众提供更好的服务；四十二街和百老汇的那些剧场假如放到科罗拉多州的丹佛市，那会吸引城市里更多的观众。这当然是一种夸张的说法，为的是阐明一种道德观，即很多人就是喜欢熙熙攘攘的都市，喜欢与有相同爱好的人们聚集在一起，这一现象现在如此，以后也会如此。但是，我们预测未来的大量文化中心不再聚集在中心城市，而将建在周边广大的区域里，这绝对不是夸张。

这个现象的另一面则是，城市会把那些重要的文化设施，比如博物馆、剧场、体育馆、科技图书馆、大学校园等放在商业和零售业集中的地方，并且明确地与大工业区分离。这些城市因此有机会恢复到最原始的市场和集市中心的角色，是交换货物和交流思想的地方。值得注意的是，现在在主要城市里，已经有超过 50% 的就业人口在"服务行业"里谋生，他们包括白领阶层、商店职员、汽车修理技师、餐馆服务员、出租车司机、公交车司机、洗衣店店员，此外还有许多与之类似的"非产业"工作的从业人员。

这一趋势非常有可能因为我们前面说过的人口年龄结构的变化而得到强化。在提供活动和服务内容方面，老年人与年轻人的要求有很大的不同。老年人对于工业的兴趣不大，工业界对他们更不感兴趣。他们的子女会离开他们，而他们自己则被城市人群吸引，喜欢有人做伴，喜欢城市的文化活动，以及生活的便利。他们的子女会搬到距离工作地点不远又可以为自己的孩子提供优良生长环境的区域居住。生活在城市里的老年人的比例将会比现在有大幅度的增长。

城市居民日趋成熟，他们的休闲时间在增加，这意味着城市对于成熟文化有着更大的兴趣，这将直接影响到城市规划中的美学效果。对于建筑艺术和空间关系的欣赏在很大程度上是一个发展速度的问题。如果你因为一些事物带来的压力感到身不由己、仓促匆忙，或者交通运输工具令你急驰无怠，那么，你不会留意到什么，任何东西都不会在你的记忆中留下来，任何事物也就变得无所谓了。一个人只有在早晨悠闲地步行上班之时才会意识到我们的城市有多糟糕。过去的城市都是给人边走边看的；他们所看到的东西会深深地影响他们。今天我们不再步行，不去看，也不去关心。如果人们无动于衷，如果城市里居住着的都是盲人、对事物漠不关心的人、一群疲惫不堪的人，那么建筑艺术就不可能令人满意。

最后，城市还有一个最为重要的疏散压力——战争防空的压力。现在战争中对城市的破坏相对于可能到来的第三次世界大战来说，仅仅算是一段序曲。唯一可行的防御就是把工业、建筑、市民疏散出去。这个因素和其他那些因素一样，在迫使城市向周边分散。的确有一些"工业设计师"曾预言城市是可以放进隧道和山洞里的，有空调，有足够的照明，有红外线取暖，有汽车尾气淡淡的、怀旧的味道，有扩音器里播放着的轻音乐和激动人心的讲演。如果有必要在城市与城市之间亲自跑一趟，那么要么乘火箭飞机在黑漆漆的宇宙中飞行，要么乘车在完全用玻璃封闭起来的高速公路上飞驰，该路网系统完全是由雷达控制的，行进速度可以达到每小时 100 英里。尽管不怎么浪漫，但是城市疏散后的格局似乎变得更方便些。

考虑到有这么多的因素在影响着城市的形态，城市的形态很可能会经历一些天翻地覆的改变，这些变化或许会比过去历史上任何一个时期更为深远。显然，这种情况根本不会发生在每一座城市身上，仅仅对今天依然存在的那些有着悠久历史的古城成立。有些城市已经存在好几百年了，而且可以说从来没有变过。人们生在城中，死在城中，日复一日地重复自己的生活，和这个世界刚刚出现那会儿没有什么两样。我们立刻想到了大马士革，想到了巴格达、科尔多瓦（Cordoba）、什切青（Stettin）、根特（Ghent）、维尔纳（Vilna）。世界各地还有其他数不胜数的古城，包括美国境内的印第安普埃布洛人部落。尽管在这些古老的城市中生活还在继续，但城市本身其实已是半死不活的了，它们避开了当今主流的世界形势，幸存了下来。这些区域里的科技水平基本上从古代以来就没有改变过，它们还可以继续应付当地古老生意的需要。对于现代社会中以工业技术为存在目的的城市来说就不会这样，也不可能这样。城市也不可能远远地置身于现代世界战争范围之外。城市必须改变自身，以应对它所面临的问题。让调整如此困难、让城市规划如此迫切的因素是改变的速度。当今快速运行的世界和电子的世界在左右着我们，过去经验证明过的演变过程不再适用了。我们的未来是一个革命性的未来，而且必须是一场有完整规划的革命，否则，其结果即使不是一团糟，也会让人感到困惑。

很多人在不停地探寻未来城市的形式。其中大多数的方案忽略了那些根本无法消除的历史及人类习俗的顽固性。然而，正如布雷克（Blake）曾经说过的，"一切可能让人相信的东西都是真理的化身"，我们最好还是停下来，认真地考虑一下这些东西。

勒·柯布西耶的理念是生活必将在完全理性的基础上成为一种机械化的方式："阳光城市"（La Ville Radieuse）所展现的是一排排很有气势的摩天大楼、井井有条的开敞空间、直接快速的道路系统、非人性化的环境，完全是一种毫无幽默感可言的专制形态。"阳光城市"可能是辉煌华丽的，同时也是冷酷无情的，它的光线来自舞台的照明灯，是一种虚假的黎明效果。然而，在一定程度上，这个方案还是可行的——不能因为摩天大楼泛滥就彻底消除它们，我们没有理由那样做。它提供了一种生活方式，如果大家对此有兴趣，勒·柯布西耶已经展示了实现该方案的可能性。

"广亩城市"（Broadacre City）是弗兰克·劳埃德·赖特提出的一种城市理念，他同杰斐逊一样信奉民主思想。这个方案植根于最古老的美国传统——每个人只要希望，就会有一个属于自己的房子外加一大片土地，有自己的私人空间又有邻里友善的氛围，有自己的活动空间又方便获取社区的服务和配套设施，有精美的组织结构，有超越我们应得的美。或许是因为他的方案清晰又直接地表达出一般美国人的梦想，所以他的构想一直遭到最具影响力的布道者们的嘲讽。但是，他的方案无疑是真理的化身，是济慈歌颂的真理，也是布雷克歌颂的真理。

沙里宁认为，城市是一种有机的生长过程，它的细胞结构已经被破坏了，但是，假如用心治理，在我们的规划中运用生物学的概念，那些被破坏的细胞是可以修复的。这个类比根本是不成立的，它是一种主观拟人化的概念。城市能够生存是因为有人生活在其中，不能本末倒置。然而，我们的确可以从它的自然过程中学到很多东西，但是我们必须小心地加以区别，哪些是自然中的有机部分，哪些是人为组织过的。

此外还有很多不那么知名的先知们就该议题提出了许多理念，其中不少人在自己的国家里名气大得不得了。他们的理念在很大程度上都是别人的理念，而他们为自己的真理绘制出的画像常常不过是一个倒映的图像。

预测未来的形式不是我们这本书的目的。正如路易·沙利文说的那样，形式跟随功能，而且形式有很多种表达方式。我们在这里并不关心形成树荫的到底是橡树、枫树还是榆树；我们所关心的是城市作为民众生活场所这项基本功能。外在的因素，比如土壤、气候等因素，我们已经做了描述。除此之外，植物自身某些所固有的特性也能够得到充分的认识，至少在一定程度上得到认识。外在和内在两方面的因素共同作用，经过一定的时间，便可以决定我们城市的形态。

大都市区域里的人口数量将会继续增加，但是市中心区大概不会增长，或许还会有所下降。

1940年，美国大约有85%的城市人口居住在140个大都市区域。1930年的大都市区域容纳了83%的城市人口。这些大都市区域人口数量的增加幅度在一定程度上高过全国的增长水平。从1930年到1940年，大都市区域内中心城市的人口数量增加了6.1%，而在中心城市之外的区域人口增长幅度为16.9%……把这些数字用另外一种方式来表述，我们可以说，大都市区域人口数量的增加有54.3%发生在中心城市之外的区域，郊区的人口增加速度是中心城市的2.8倍，而在所有的中心城市里，从1930年到1940年，有

35% 的城市的人口数量实际上是下降的。[1]

换句话说，大都市区域有让居住人口均匀分布的一种趋势。人口增长的线路一直沿着最主要的交通线从中心向外发散（甚至小城镇和村落也是这样），交通线包括铁路、城际有轨电车、主要高速公路和公共汽车线路、次要高速公路和私家汽车。随着私家汽车数量的增加，公共汽车线路也成倍增加，在过去旧的"大众交通"线路之间的那些空地现在已经被填满了。现在这些空地上已经建起了工厂，而这些工厂又从以前的市中心地区吸引来更多的人口。"大平原"上的三大工业区包括了从哈得孙河到拉里坦河（the Raritan）的新泽西州东北部、布法罗 – 拉克瓦纳（Lackawanna）– 尼亚加拉瀑布地区，以及底特律地区。这三个区域的发展是对以上演变过程的一个明确的现身说法。

所以，现实中出现的结果与埃比尼泽•霍华德所构想的"卫星城"概念相去甚远，也不同于刘易斯•蒙福特（Lewis Mumford）所构想的"多核心城市"（poly-nucleated city）。当然，后者与现实情况还是相当接近的。道路、工厂、小镇、购物中心、带状开发的城市建筑、垃圾处理厂、铁路、机场等，形成一张杂乱的网。这张网正在毫无章法地扩大，根本没有理性地去思考彼此之间的联系、彼此之间的相互依存，或者在彼此之间的功能整合。到处都是过去遗留的陈旧中心——普莱恩菲尔德（Plainfield）、拉维（Rahway）、蒙特克莱尔 – 拉克瓦纳、唐纳万达斯 – 迪尔伯恩（the Tonawandas-Dearborn）、弗林特（Flint）。

这一大片混杂的区域——纽约、新泽西东北部一共有 2514 平方英里，底特律区域有 746 平方英里——为未来城市模式提供了一个巨大的实验场。四处分散的工厂让来自空中的毁灭性打击变得非常困难。我们需要做的就是精心规划出一种组织结构，使得这一片广大的地区不是让人感到心情沉重、污秽不堪的垃圾废弃场，而是成为一个适合人们生活、工作、娱乐的场所。

除了我们在前面提到的那三个区域之外，还有费城 – 彻斯特（Chester）、芝加哥 – 加里（Gary）、匹兹堡 – 阿勒格尼县（Allegheny County）及一些略小的区域（康涅狄格州的布里奇波特算是其中之一），这些区域给我们提出了难题，因为基础重工业的确具有某些令人厌恶的特性，比如烟雾、臭味、工业废料。这些地区也都必须配备必要的铁路线，这又带来更多的问题。尽管如此，我们还是有机会把这些地区的情况做很大的提升。大工厂的厂房可能在一片开阔地的中央，这样我们可以安排一些停车场、直升飞机场、休闲游乐场，只要这些设施距离附近居民区不少于半英里，都是可以做的。又比如汽车制造厂的厂房设施本身并没有什么令人厌恶的地方，但是它们会成为被袭击的主要目标。新泽西州的本迪克斯（Bendix, N.J.）、密歇根州的威洛鲁恩（Willow Run, Mich.），都已经在落实这样的调整。规模小一点的工厂可以组合到一起，然后再采用以上的方式加以规划，甚至也可以单独地布置在树林里面，

1 汤普森（Lorin A. Thompson），该文发表于《铅笔头》（Pencil Points），1943 年 4 月号。

得到更好的隐蔽。不会带给人们滋扰和麻烦的工厂则不必与外界隔离，可以混杂在密度不算高的成熟居住区域里。此类案例已经可以在新泽西州沿着美国国道 1 号公路的新布朗斯维克（New Brunswick）地区看到，别处肯定也有。

有些地块仅仅适合于某一类用途，否则就是没用的废地，比如两条铁路之间的空地。这样的地块可以用来种植商品菜蔬，因为大都市地区的食品供应问题变得越来越尖锐。在私人小汽车恢复正常使用、交通状况还没有完全陷入瘫痪之前，类似普拉斯基高架公路（Pulaski Skyway）的高速公路系统必须建设起来，目前就业和居住之间的状况必须得到控制。高速公路在其目的地方面必须有明确清晰的思考，不能只满足于缓解某一个区域的交通压力，比如普拉斯基高架公路这样的规划就很糟糕，因为它在公路两端都造成了瓶颈效应，而且根本没有缓解或者备选的路线。这些新的高速公路其实也可以建成条形公园，成为这个区域里休闲系统的一部分。田纳西河流域管理局所辖区域就已经这样做了，而且在重工业区，这样的做法是非常必要的。

对这些大规模的工业建筑群进行适当的规划和控制是我们面临的最重要的规划工作之一。由于在这方面我们没有给予足够的重视，现在它带给我们很多麻烦。在一定程度上，这类规划和区域性规划有几分相似，只是它比区域性规划有更细致深入的控制要求。任何一种管控都是困难的，因为这里面牵涉到许许多多相关部门的管辖权限，以及无数的纠纷、嫉妒心理、对政府官员的厌恶痛恨等。即便是在一个充满合作氛围的地方，法律系统的复杂性仍然排斥相互间采取的共同行动。长期的教育是非常必要的，或许是眼下最为迫切的、压倒一切的力量，没有它，恐怕我们也做不成什么。无论如何，没有前期的思考和研究，要想在任何时候采取适当的行动，都是非常困难的。

随着整个大都市区域更加适合居住，城市中心区域的经济压力变得更大。这种财政方面的问题是不可能通过城市硬件规划得到解决的。城市的发展取决于技术和社会的力量如何驱使它们，而财政问题也必须同时予以解决，至少是时候追溯补办。"城市再开发"不可能让改造后的城市保持现在的密度，因为民众不会愿意继续住在这样不舒服的地方，除非他们别无选择。要想恰当地重新规划旧城市，密度一定要降下来。无论我们是否正式公开地承认，税收都是表明了全体人口在整体收入能力方面的一个系数，而我们的房地产税体系也根本毫无道理，它把城市财政收支权力拱手交给了税务专家。我们的问题不是规划问题，因为无论你如何进行规划，财政方面的窘境依然得不到解决。

事实上，我们的城市需要面对两个重大的规划问题：一个是如何让城市核心部分恢复宜居性，同时在财务方面又是健康可行的；另一个是如何发展城市周边的区域，让它与市中心区取得某种有益的平衡，以防止城市的过度扩张和城市居住区的衰败。

由于周边的土地价格便宜，同时最大的市场在于中低价位的独栋住宅，在建造业繁荣的时期，最大量的建筑物就出现在城市周边地区。这里所说的最大量假如不是成本投入最大的话，就是指住宅单位的数量最大。之前建造业繁荣时已经把很多土地拆分成小块区域，在大多数情况下浪费难以避免，其结果是在后来再对它们进行组合、重新划分就非常困难，也可以说这是建筑物建成以后的必然特性。因此，自然的选择就是到它们的外围去扩建。对于开发商来说，这是最自然不过的做法，但是，从更大范围的社区利益角度来讲，我们很难说这是一种健康的建造方式。

城市中心区域重新规划必须面对的窘境在前面已经提到过。在最近几年里，一种新的规划理论出现，这种理论对于城市中心的再发展和周边区域的扩张来说，它是二者的公分母。这就是所谓的"邻里单位"（neighborhood unit）理论，最近有很多人在谈论这个理论。这个理论的定义非常不清晰。在使用上，几乎不加任何区别地用它来描述各种邻里，有实体设施上的邻里，有社会意义上的邻里，有根据学区划分的邻里，还有行政管理上的邻里。几乎不可能让这些不同意义上的邻里彼此重合。一个实体设施上的邻里可以通过它的地理特征加以明确，或者它可能完全没有固定形状，只是根据大家对"邻里的感受"来加以确定，这又成了社会意义上邻里概念的一部分。而一个社会意义上的邻里，一般来说是无法定义的。这个邻里不大，因为它取决于一个人的社会交往，你可以说它有一个中心，但是没有边界。这个中心可以是任何一样东西，从为居民提供活动场所的精美的"社区活动中心"，到一个沙龙或者一张桥牌桌。一个根据学区划分的邻里指的就是一个区域，那里配有一所公立小学，这就是说区域内的人口在 3000 到 10 000 之间。一个行政管理上的邻里，也就是英国人所说的一个步行区（precinct），它很有可能和一个学区一样，但是更像是一个政治选区，或者某种人为划分的区域。

不管最后这个概念指的是什么，对于规划师来说它还是一个非常宽泛的概念，对此，克莱伦斯•裴瑞（Clarence A. Perry）有过精辟的描述："它应该包含居住建筑和环境两个方面，从规划工作的目的来说，后者指的就是这样一个地方，在那里，它提供了一般家庭舒适生活和正常发展所需要的全部公共设施和基础条件……它的设施只要略加思索就可以数得出来。至少会包含以下内容：① 一所小学；② 商店；③ 公共休闲设施。"[2]

单靠实体设施的规划其实很少能带给我们一种"邻里关系"，即便是可以，也仅仅在这个词最抽象的概念上有那么一点点感觉，这些是一般人所不能理解的。然而，它可以凭借自己的硬件设施，在物质上协助其他方面来培养出真实的邻里感。无论如何，通常一个"学区意义上的邻里"这个概念对于居住区的邻里来说有些过大，对于私营开发商的常规操作来说也有些过大，除非在开发过程中对于规划有严格的控制。"邻里"这个词因其含义和暗示在这里或许不大准确，"规划区"（planning area）就会好很多，因为这个词不纠缠细节，可以包括工业区域、商务区域、居住区，也可以包括三者的混合区。真正相互友好交往的邻里应该是一个大社区下面的次区域。一个理想的规划区可以作为政治和教育的基本单位，它的投票选区、学校学区、警察局和消防队分片的区域、人口普查区域、卫生

---

2 裴瑞，《机器时代的住宅》（*Housing for the Machine Age*）。罗素•赛奇基金会，1939 年。

防疫区，以及其他管理方面的考虑都是一致的，而且最好借助于过境道路、城市道路或者自然的地理特征加以界定。法国所谓的"arrondissement"（区）就是这类的概念，英国的"precinct planning"（社区规划）也类似。

很多城市都有公认的那种"邻里"。它们就是天然的"规划区"，应当予以保留。伦敦郡的规划就显示了这类邻里单位在大伦敦重新规划方案中是如何被使用的。

把规划区控制这个概念应用到城市周边的郊区、城里及附近县的居住小区，这样的做法可以极大地防止再次出现第一次世界大战之后出现的那些弊端。那个时期，各种开发几乎没有什么管理和控制。造成城市衰败的主要原因不是丑陋的建筑，甚至也不是劣质的施工工程，而是土地使用上的不经济、浪费土地资源的开发模式，这种模式浪费的这么多土地资源却不能拿来用于一般的民用和社会用途。那种街区的尺度就迫使我们不得不采用大进深、窄面宽的宅基地，街道很多，用途没有分别，缺少公园和活动场地，土地使用性质分区不当，忽略地形地貌的特征，不利用自然界的地理优势，所有这些都是我们城市中所存在的通病，无论是城市的新区还是旧城区，都是如此。值得大家注意的是，在很多情况下，开发商不该为此负责。如果他在城市范围之内从事开发活动，那么他就会被这种愚蠢的道路系统紧紧地束缚住，他没有选择，必须服从这个道路系统。我们将在后面结合"总体规划"中的要点和目的对这个问题加以探讨。

在土地规划的实际操作中，如果市政府坚持要求在适当的范围内强调恰当的邻里设计，那么即便不是所有的糟糕做法，起码其中很多是可以避免的。严格控制居住小区的划分，在城市总图（the City Map）中还没有划分的地块上强制进行修改，这样的做法会有很大的帮助。其中后一种手段的确会在法律和政府手续上遇到不少麻烦，但是在绝大多数情况下，这也不是无法克服的问题。一个理想的做法就是事先预留足够的土地以满足全部的市政要求。下一步就是把轻工业用地布置在一组居住小区附近；或者反过来，要求在某个大型工厂附近，如威洛鲁恩、道奇-芝加哥（Dodge - Chicago），或者在一组工厂附近，保证配备足够规模和数量的规划完整的居住小区。这些小区将会根据规划密度，按照某种分布比例关系，配有购物中心、社区服务配套设施、休闲娱乐设施。通过这种方式规划出来的邻里式居住小区，配套设施齐全，不仅在社会学意义上是一个好品质的小区，而且显然对于城市、工人、工厂三方面都有经济上的实际好处。

在规划区之内的邻里社区，或者叫它居住区域，应该采用最新的布局方式——没有过境的交通车流的干扰，居住区布局方便居民接送孩子去学校，方便孩子在小区里玩耍，方便购物，同时配备供政府正常运作所必需的公共会议设施、供民众休闲运动的公园和活动场，以及娱乐和陶冶情操的设施，如音乐厅、图书馆和民众自己爱好的各种功能设施，有的当观众，有的参与表演。

这些开发项目也根本没有理由再成为我们先前已经习惯了的那种单调、令人郁闷的居住区。学校、商店、服务建筑和公共市政建筑、教堂等公共建筑的组合，在选址、类型、尺度等方面应该是事先确

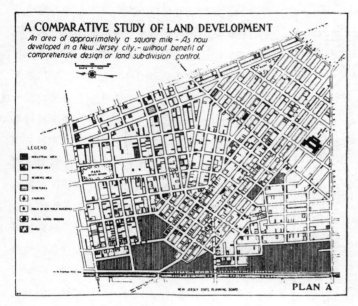

土地利用开发比较方案——方案 A

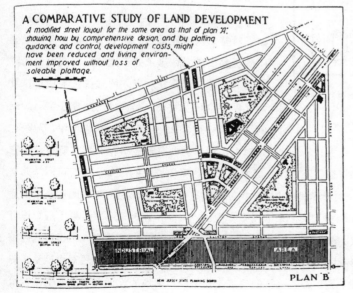

土地利用开发比较方案——方案 B

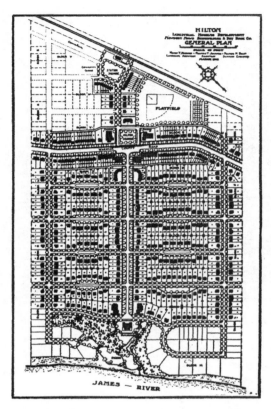

弗吉尼亚希尔顿市的规划总图，一个第一次世界大战时期的规划。原方案中严格的网格道路布局系统因针对不同住宅采用各种不同的退让距离而变得柔和起来。建筑师为乔纳斯（Francis Y. Joannes）。

定了的，并且要严格加以控制。在设计重要广场的时候，对周边视线所及的建筑的高度应该仔细地研究并小心地明确。我们应该还记得，之前我们曾经引述过的《美国的建筑艺术》一书作者所说的在这样的关联中互惠双方的一些任务。在一个建筑物很拥挤的区域里，对于居住情况进行某些控制是必需的，当然这时的控制绝对不是关于建筑艺术"风格"的，而是一般情况下较为宏观的控制，如对比例关系及其与城市道路的关系的控制；当建筑是成排的建筑物时，对于材料也会进行控制。正如我们之前反复指出的，单调的效果不仅因为重复，还因为没有章法。由联排住房组成的街道为追求"变化"、避免单调，一共采用了六种不同的材料，以及六种样式各异的假山形墙和花哨的门廊，但实际上和费城、纽约街道上那些褐色石头房子一样单调。单调和无趣在于缺乏对整体构图的考虑，在于没有树木又一眼望不到头的街道上布满了处于建筑控制线之后的建筑物。房地产炒作开发出来的独栋住宅项目，其混乱程度也叫人发狂，尽管这些独栋住宅之间的间距略大一些，每一户都有树木和草坪，前院也足够大，让单调的建筑显得没有那么明显，但它们的确同样糟糕。至于如何避免这种情形又不用增加成本就可以达到多样性的效果，我们可以从弗吉尼亚的希尔顿（Hilton, Va.）这座第一次世界大战小镇的规划中窥见一斑。另外两个著名的例子就是通过仔细研究道路的形态及建筑物之间的相互关系来取得多样性的，一个是雷蒙德·昂温爵士规划设计的汉普斯特德花园郊区（Hampstead Garden Suburb）的一个居住区，另一个是厄恩斯特·梅设计的隆姆斯塔德（Römerstadt）。当然还可以列举出很多。问题的难点在于如何找到一种控制手段对小型私人开发商开发的零零散散的建筑进行管控。或许真正必须做的工作就是城市街道的设计，以及严格控制公共场所周边的建筑。糟糕的建筑确实是无法挽救的，但是糟糕的城市规划却可以毁掉最伟大的设计。巴黎歌剧院就是一个例子。这座建筑在设计上考虑到各个方向的视觉效果，但是只有从正前方才能看见它的最佳整体效果。加尼叶（Garnier）向皇帝表达了严正的抗议，但是仍然没能让豪斯曼理解当初

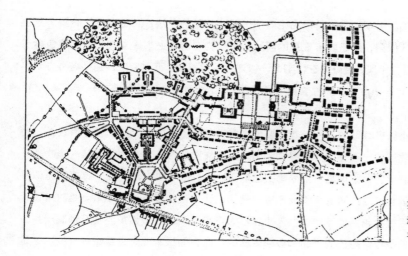

英国汉普斯特德花园郊区：一个由昂温爵士规划设计的方案，里面包含了丰富的处理手法。

的设计意图，豪斯曼的改造计划依然维持了原先的设计方案。从另一方面来看，好的城市规划可以让很平庸的城市道路得到挽救，让很一般的地方看起来令人愉快。建筑艺术和城市规划是统一的，是无法分割的整体。

对于美观方面的需求，以及对于其他各种管理手段的需求，在面对即将到来的小住宅开发的时候变得更加迫切。到目前为止，大家最为关注也是最为先进的地方，就是采用新材料和"预制"手段来建造一层的住宅。有些新材料无疑也会影响到集合式公寓建筑，但是，建筑结构的复杂性和建筑规范的陈旧让集合式住宅发展得很缓慢。大家最为关注的是造价成本极低的所谓的构件预制型住宅，或者说"标准化组合式"（packaged）住宅。如果这种产品成熟后推向市场，它将有最大的市场，最新的住宅小区都将会采用这种产品。关于这种产品，有几个关键事项必须给予充分考虑。第一个当然是小块宅基地在划分时缺乏管理和控制。大量的廉价小住宅通过分期付款的方式出售，极有可能使这种小区成为穷人聚集的地方。市场也将努力创造出一种局面，即提倡"每隔五年你必须更换你的房子"，或者十年更换一次。这是在与汽车行业进行类比，在汽车行业里，最常使用的办法就是每年更换汽车的款式。这种做法是有道理的，因为只有通过这种强势的"重复"销售，我们才能创造出一个足够大的市场使得生产出的产品保持在足够低的价位。一部旧车到最后可以送到废车场进行报废销毁，实际上也是这样做的；但是对于一个破旧的房子来说，存在着一种风险，那就是业主可以把房子丢在那里不管，自己搬到别处去。他不会损失任何东西。如果说业主还是住在那里，然后每隔几年就用旧房子换一个新房子，那么市政府从中能获得什么呢？比方说，房产税还是根据从价税来确定的，这类 898.87 美元的房子所缴付的税金根本不够支付市政方面所提供的服务。没错，今天的穷人不用支付他们本应该分担的部分费用；但是，这种廉价的预制成品住房一方面被拿来当作解决贫民窟问题的出路，另一方面又被拿来当作论据来反对公共住宅项目。这类产品绝对不是解决问题的办法，它也埋下了有更大危害的种子，对此我们必须充分认识到，那是城市规划的问题，适当的控制是必须建立起来的。这包括了在县一级建立起住宅小区的管控手段，最好是在住宅区一级建立管控机制，而且它应该包括各种办法，不仅让"房产主人"在经济上对当地市政府的税收和维护成本负责，而且也必须明确要求开发销售单位、金融贷款机构负起各自的责任。

城市的维护工作作为防止城市衰败的手段，其重要性常常被忽视。低收入家庭即便是有投入，也将会是用非常少的钱去进行建筑的一般性保养和维修。出现城市衰败的第一个证据就是某一个物业年久失修，没有人打理；油漆剥落、台阶塌陷、空铁罐头盒散落地上、院子里有旧轮胎，这些问题似乎都不大，但是它们明确地告诉我们主人对这个物业不感兴趣了，让它最终变得破烂不堪。相对来说，房子越廉价，维护起来的费用就会越高，而它的主人也越不大可能有实力出资维护。甚至预制产品也不能改变一个基本事实，那就是极端廉价的产品和极端劣质的产品之间根本就是可以画等号的。这是因为，无论一个值得信任的预制房屋产品制造商拿出的优良产品在价格上是多么低廉，总有一些石膏板建材商提供给他们更低廉劣质的石膏板产品，这些东西都是通过瞒天过海的手段蒙过那些不识货或者迷惑的人。请记住，住宅买主手册里的口号仍然是"请买主当心……"，市政府也该小心。

除了这种超级廉价的房子之外，其他的技术进步可能会影响到设计方法。这种情况在过去曾经发生过，比如城市里的超级街区只有在燃油炉灶和电冰箱出现之后才能完成。这两样东西让住宅的布局选址不再非要临近道路不可，因为有了它们，过去运送煤炭和冰块的工作就变得可有可无了。在住宅设计和小区总图规划上，运用这些新技术的直接结果就是设计更加灵活。如果燃油管加上计量表后的输送线路完成铺设，或者采用电取暖，那么设计的灵活性将变得更大。另一种可能就是把家庭垃圾和厨房垃圾就地销毁，采用的办法就是化学方法或者细菌方法。眼下，城市在经济上被庞大的铸铁和混凝土污水管道系统束缚住了手脚，实际情况也是如此。这个问题到目前一直没有得到什么重视，而如今科学的独创性也理应得到重视。如果污水系统和垃圾处理可以被彻底地舍弃，那么城市建造这些设施的初始费用及后来的维护费用将会大幅度地降下来，整个城市规划的概念也必将被彻底改写。水和煤气供应管线并不难处理，也就是说水的供应系统并不难处理。当然，主干线输送管道相当庞大，成本也高。通常水的成本在市政财务预算和消费者预算那里都是单独计算的，而供水系统不仅仅可以收回投资成本，而且还有盈利。实际上，从设备和成本两方面来讲，城市污水系统才是问题的重点。

今天的城市再开发工作一般会从"邻里单位"来着手，或者更准确一点地说，是从"规划区"来考虑问题。大家的关注点自然就放在了重新改造贫民窟地段，或者那些衰败的地块上，尤其是希望借此改进穷人的居住条件，改善房东们的现状。这些当然都是值得赞美的。那些脏乱差的工业区仍然没有得到足够的关注。市中心的改建计划方案大都着眼于如何保持地价不跌，并没有把改建计划同城市集体住宅或者人口外流到郊区的问题联系起来。但是，如果我们的城市按照现在的理解进行再开发，那么它也可以从中找出更好的土地利用方式，这对于社区的发展无疑也会提供更多的方便。最终无论如何，许多伟大的城市都将在整体格局上不得不进行剧烈改变，而城市再开发计划可以是为此做出的极具价值的试验。

这并不是说要把一切都铲平拆除，把所有的管线废弃，或者任何诸如此类的蛮干。我们所说的是大幅度地下调人口密度，即总密度。

关于"密度"的含义，我们应该在这里做一下澄清。这个词通常的意义就是在一个给定的区域里每英亩土地上所居住的人口数。英亩数可以是"净面积"，也可以是无所不包的"总面积"。"净面积"指的是每一处建筑红线之内的面积，不包括道路、公园、公共用途和非居住用地的面积。"总面积"指的是区域范围内所有的内容，包括道路、公园等用地。用地范围越小，净面积和总面积两种计算方法得到的值就越接近；范围越大，结果差别就越大。我们通常并没有特别注意到一点，即在一个很大的区域里，比方说在一个普通城市中 1 平方英里或者更大的范围里，它的净居住用地面积一般少于总用地面积的 30%。所以，当我们看到整个曼哈顿的"密度"是每英亩"仅有"230 人，而实际"净面积"上居住着 500 人，在个别地点更是高达 750 人的时候，我们也就不会感到惊奇了。在一些不是那么令人向往的城市，密度和实际居住情况之间的差异则没有这么大。无论在哪一种情况下，关键的一点就是净密度与可使用的开放空间之间的关系。这里的开放空间可以包括公园、道路、活动场地、住宅的前后院子、花园公寓的周围地带。商业用地上的一些空间，比如商店的后院、停车场之类，假如它们是永久性空地，它们对于采光和通风是有帮助的，但是不能为住在附近的人提供便利。由此可见，在一块足够大的地块上，总用地的密度在城市规划实践中及制订密度控制的规定时都是一项重要的考虑因素[3]。

例如，在 1 平方英里的地块上，共有居住人口 128 000 人，即每英亩 200 人，为了得到一个合适的规划结果，总人口数或许应该减少到 96 000 人，即每英亩 150 人。但是用现有的净用地来计算一下密度，也就是用建筑红线内的用地面积再来计算密度，这时的结果可能会高达每英亩 600 人，当然，我们是设定该小区内周围的交通、公园、学校及各种配套设施可以支持这样的密度。换句话说，一个面积比较大的用地地块，它的人口密度取决于这个区域内的配套设施，而区域内具体某一个地块的密度并不重要，除非它会影响到整个区域的总体密度。换一个方式来说就是，至少从理论上讲，1 平方英里地块上的人口数量可以按照人口是均匀分布的这一条件来进行规划，或者从另一个极端的例子来讲，全部人口集中在场地中心的一栋 1000 层的建筑上，场地内周围都是开敞空间。在这两种情形里，税收根本

3　关于这个重要话题的一份深入研究报告，参见《纽约市的密度》（*Densities in New York City*），这是一份提交给纽约市民住房委员会的报告，由城市规划和控规委员会完成，亨利·丘吉尔执笔；研究助理为威廉·路德罗（William H. Ludlow）。纽约市民住房委员会，1944 年，油印本。

不受影响，二者完全一样。但是它们的生活方式则非常不同，它们的硬件规划问题也就会非常不一样。事实上，好的规划当然会充分利用高层摩天大楼的优势，它可以让人口在一些战略位置上集中，让土地的使用性质更多样，让人们有多种生活方式选择，让城市轮廓线更漂亮。除了曼哈顿和其他几个区域，还没有别的城市具有如此高的人口密度，以至于无法通过更加理智而有效地利用土地的方式来解决人口过密的问题。把城市的几个地块组合到一起形成一个超级街区，创造出设计好、选址恰当的购物中心，有足够多的学校和休闲空间，其实在大多数城市里，按照现有的密度，在现有的框架下，这一切都是可以做到的。

土地利用的合理化改革必将限制商业用地的数量，也会在工业区和居住区之间建立起一定的关系，尤其是轻工业区和居住区的关系。有一些城市已经开始采用了"手指状的公园"（finger-park）系统，这个系统的作用是为休闲和公共建筑建立起一道缓冲地带。我们首先想到的是华盛顿的石溪公园；波士顿有很大一块类似的公园系统（尽管这个系统并没有深入到旧城里面）；堪萨斯城有一个高度发达、体系完善的景观公路系统。多伦多正在建立一个类似的体系，充分利用现有的形态优美的沟壑，并把它们在外围连接起来，甚至提议设立一条带形农业用地用以限制过度的城市周边开发。伦敦郡规划方案设计了一块"楔形绿地"（green wedges）并引入城区，同时特别强调周边优美乡村"绿带"的重要性。这个绿带成了在公园和乡村之间的一个非常重要的分界线，这个分界线当然对大都市才有意义，对于小城市来说没有意义，因为小城市就如同中世纪时期的那些小镇一样，与乡村田野是紧密地联系在一起的。

这些公园系统肯定会让城市更适合居住。绿色对城市的帮助非常大，就拿巴黎和华盛顿这两个最为显著的案例来讲，这两座城市的迷人魅力在很大程度上来自城市里漂亮的树木。巧合的是，这两座城市的效果都是因为各自"大师"的缘故，巴黎因为有豪斯曼，华盛顿因为有谢芬德（Alexander R. Shepherd）。今天，当我们每一次走过新罕布什尔大道（New Hampshire Avenue）两侧那无与伦比的榆树林荫大道的时候，我们应该从心底里对这位差不多已经被人遗忘的大师表示一下我们的感激之情；而这些榆树和 60 000 多棵其他树上也没有一个铜牌来告诉人们这实际是亚历山大·谢芬德的一座纪念碑。谢芬德在当时担任着格兰特总统（President Grant）的公共工程委员会主任（Commissioner of Public Works）。

税收和土地价值之间进退两难的问题，以及这个问题与城市重新开发之间的关系，我们在前面已经讨论过了，但是，这个进退两难的问题并不是要面临的唯一问题。需要重新找回活力、需要进行改变的地区所覆盖的面积太大了，而其中的土地又掌握在太多人手里。因此，强有力的权威和集中超大规模的资本两者必不可少，这样才能把土地集中起来并加以重建。看起来政府是唯一能够筹集这么大资本的渠道，而且政府本来就具有国家土地征用权，所以，当时尽管还有一些保险公司也在试探看自己是否有机会获取一定程度的土地征用权，但是一般的结论就是政府应该出面购买土地并且持有这些财产。

具体操作的方法不计其数，从前是这样，将来也许会是那样，但是万变不离其宗，最基本的一个方案是：政府出面收购土地之后通过某种补贴的方法来处理亏损问题。至于补贴的办法，讨论起来非常复杂，也牵涉许多法律条款，涉及的内容包括对联邦和地方政府参与补贴的规定、代理机关的权责、补贴的申请，最复杂的一点是法律用语的含义。

至于土地被集中起来以后该做什么，人们还有进一步的不同意见：这些土地应该由政府持有吗？在这里一般假设是当地政府，而不是联邦政府，然后是把土地出租给私人企业，还是把土地根据市政的规划和土地使用性质划分为大宗地块后在市政府的监督下出售，或者干脆再次出售呢？所有的这些方案都有不少的支持者，也都有不少的反对者。

城市再开发事业的支持者大多数倾向于第二种方法，即在市政府对于土地使用进行管控的情况下，把土地以大宗的方式出售，因为这样的方式可以简化在其他两种方法中所固有的各种问题。这个方式也能够确保已经到位的庞大资本得到许多保险公司和其他大型机构的有效管理，同时可以让特别安排的控股公司来负责处理向公众发放贷款的事项。把公众利益的管控交给民众将必然使管控办法变得很模糊，不大具有执行力，一旦这些再开发公司拿到土地的控制权，而金钱利益又让他们拒绝遵循原定计划，这时，一些原则就很容易被搁置一旁。在大都会人寿保险公司的数十亿美元面前，纽约市城市规划委员会的糟糕表现让我们对有效的民主管控方式在与大型开发商巨大影响力的较量中到底能做到什么程度失去信心。当想到我们的城市有很多区域处于一些大公司的绝对控制之下时，诸如大都会人寿保险公司、通用汽车公司、美国铝制品公司、伯利恒钢铁公司（Bethlehem Steel）、太阳石油公司（Sun Oil）及一些独立经纪公司，我们并不是很愉快。如果其中任何一家打算控制城市中的房产，哪怕只有百分之一，而且它们非常可能做得到，那么，这家公司就成了一个超级政府。任何一个官员都不可能敢于站出来反对它。

这绝不是一个无足轻重的风险，它让我们在"大规模再开发"项目上不敢向前。通常情况下，所谓的"大规模"不过是一种掩盖我们过于懒惰，不想通过适当的民主程序从细节入手找到解决问题办法的说法而已，我们还是把这项工作交给伟大的 M 先生，由他来替我们操作这件事吧。在超过特定的临界点之后，就不再有什么"大规模"的经济利益了。尽管我们有爱因斯坦、有空调技术、有相信私营企业可以成为超级政府的一批人，但是，万有引力定律、热力学定律、回报递减法仍然在发挥着它们的作用。不仅如此，无论"大规模"的做法在生产和加工领域里是多么行得通，它在政治和社会关系领域里则根本没有任何适用性；这与在电烤箱和大三角钢琴上应用所谓的"流线型"设计是同样的，都是糊弄人的把戏。

史岱文森镇（Stuyvesant Town）的那种封建时代的规划布局和种族歧视政策仅仅是一个例子，说明可能出现的一种结果；我们无法想象大家必须忍受一个与社会格格不入的私人领地。过去"由大公司兴建的居住小镇"至少也算是一种完全自成体系的居住小区，不仅如此，此类小区并没有得到政府的任何补贴。以垄断的方式（无论是政府出面还是私营企业出面）进行大规模项目的开发，其固有的一种危害就是它会根据经济和种族的因素来把市场问题过于简单化。美国住房管理局把穷人分离出来，让他们住进"廉价贫民区"的做法很不好，大都会人寿保险公司把黑人排除在外的做法也不好。但是，却很少有人会注意到史岱文森镇同样令人厌恶的、具有争议性的做法，该项目把 12 000 个处于同一经济收入水平的家庭聚集在同一地点的同一片拥挤的社区里。当然，在给定的范围内，根据经济水平来分组也是很自然的事情，是不可避免的，但是应该按照适当的收入范围进行分组，给人一种选择，而且任何一组里面的人数也不应该过多，否则我们的社区就变成了一系列根据"等级"来设定的居住区域，这就和古代印度河流域的摩亨约 - 达罗城的做法差不多了。这种分组方法是因为小区"规模大"，为了省事而采用的措施，由于这样的分组被认为可以"确保神圣的信托基金的安全"，分组就不可避免地导致公立学校的民主特征遭到破坏，也直接冲击了社会秩序的基础。再重复一遍，大型的公共住房项目从这个角度来看根本是不值得鼓励的做法。

考虑到这些问题，我们所欠缺的是一种对比例关系的感觉。无论是公立项目还是私立项目，比如说，在一个 1000 人或者 2000 人的项目中可以接受的东西，到了 12 000 人的项目里就变得不能被接受。按照这个思路来推理，在某一时刻，公共利益就会变成至高无上的准则，它根本不管你的财经规划是什么，因为当人口数量达到某一个值 x 的时候，这些人就等于公众。

还有一个复杂的问题是以上这些方法没有正视的，那就是如何处理计划重建区域里的人口迁移问题。由于战争的缘故，住房短缺现象还将持续下去。因此，除非我们在事先有了周密的安排，否则几乎不可能一下子为数以千计的家庭找到令人满意的居所。如果按照某些再开发法律的要求去执行，只有在将那些被迁移的居民安置在同等条件的居住区之后，拆除旧建筑的工作才能展开，但这是在开玩笑，是根本不可能的。谁来提供这些住处呢？在什么地方安置？如果这些迁移的居民对新住处感到满意，那么他们为什么会再搬回去呢？如果这些人不再搬回去，那么那些重建的空房子谁来住呢？如果重建区域住房的新住户来自城市里的其他区域，很可能来自经济条件更好一些的区域，那么这些人搬出后，原来的区域又会变成什么样呢？大概这些问题并没有被想得很明白。也许那些还没有被"再开发"的贫民窟区域因为需求的增长而进驻了许多房客，进而抬高了它们的"价值"，等到这一区域进行再开发的时候，那些旧建筑将有更多的油水。也许这一切都早已被周密地考虑过了。

关于土地处置方式的第三种方法，即不加区别地把土地出售给大大小小的买主。一般来说，这种方法受到的批评是指责它缺乏规划管控的任何可能性，而且其必然结果是，这里迟早又会变成再开发之前的混乱状态，最后什么也不会得到。土地产权归多家共同拥有，在这种情况下建立管理控制体系的困难已经多次讨论过，所以从政治、法律、财务几个方面来看，这个方法似乎是三个方法中得到支持最少的一个。但是，不管怎样讲，这个方法还是有一些优点的，只是这些优点在那些"大规模"的手段面前很轻易地被甩到一旁。这个方法最重要的优点是它可以让私营企业如同在亚当·斯密那个时代的私营企业那样存活下来，而不是活在大公司（Big Business）的垄断时代。我们讨论了很多关于小型公司（Small Business）的事情，我们对大公司也时刻保持着警惕。如果在大公司拥有土地的情况下，我们不能控制土地的使用、避免全社会的利益受损，同时，如果把土地归还给小公司就意味着持续的混乱，那么我们只有第三条路可走，由政府继续持有土地的所有权。

　　这个办法被放上桌面的时候有一个说法，叫"土地的社会化"。为什么市政府掌握土地的所有权会遭到如此强烈的反对，这点确实很难让人理解。把土地长期出租出去根本不影响对它的所有权。"合法程序"适用于租赁合同约定的价值，适用于建筑物，同样也适用于付费租用的土地，中介公司通过代理出售、购买、出租等业务也能赚到钱；城市的财政问题也因此得到极大的简化，"土地自然增值"（unearned increment）问题也很容易得到调整。关于市政府出租自己拥有产权的土地，与此相关的问题中有一个我们很少碰到，这就是，一旦购买土地的成本被逐步偿清之后（也就是说，购买土地发行的债券正式退出），该条款就不再适用于这块土地的后续出售了。当这块土地出售的时候，以及以后再次转手出售的时候，每一位后继的购买人都会按照分期付款的方式重新计算应当支付的费用，其结果就是向住房租赁人收取更高的租金。不仅如此，城市有了以房屋租金为基础的税收，可以找到多种增加税收的途径，而不再是仅仅依靠房产的从价税。对于商业、工业、公寓来说，租金可以按照净利润的百分比来计算，同时确保不低于某一个值；对于私人持有的住房，它们的租金收入按照净收入计算，也就是说市政服务费已经被扣除；对于廉租房或者公共住房，房租可以是投入资本的利息部分，也可以根据住户的实际经济状况和应该收取的租金额度，综合后确定一个数。无论是哪种情况，对于土地的管控是能够做到的，对于人口密度、用途的分布甚至地面上建筑物的位置等都是可以控制的。除非市政府可以实施城市规划方案，坚持根据规划区内的设计有秩序地开发，否则基本上什么也改变不了。对于不符合规划用途的用地进行淘汰和控制，即所谓的"根据时间划分区域"的办法就变成租约长短的问题。按照我们英国朋友的说法，"补偿和改进"（compensation and betterment）经过几年时间还是可以做到的。这类工作的确需要很长时间，而民众的负担也不会比目前再开发项目中那些优惠补贴来得更重。这也是这段文字想传达的核心思想，城市再开发过程中采用购买加补贴的方式应该是市政府持有全部土地的第一步。

　　对此，有人会提出一个非常有力的反驳理由：它给贿赂和腐败提供了机会，有可能出现存在于泽西城（Jersey City）的那种政治恐怖主义。对于这个问题的答案将会是：我们本来就有腐败现象——只要广大民众不去履行自己的社会责任，腐败就会出现；而当民众坚决要求摒除腐败时，腐败自然就会消失。如果我们仅仅因为官员可能会腐败及其补救的困难而回避对社会有益的事业，那么我们就是对民主体制的否定，并且在暗中迷恋着暴君式的简单化。

　　如果土地归城市所有，就可以制订出土地的多种出租方案，引进不同使用功能的建筑和各种商业活动，带动这里的各种经济活动，吸引不同阶层的人，那么犯罪和混乱局面的难题就有可能因此得到解决。通过专业的规划，再开发区域可以用于居住区或者工业园区、小型工厂、地方政府办事处，也可以用于大型金融机构在这里的投资项目。汉斯·萨克斯（Hans Sachs）还有古代的行会一去不复返了，但是，只要我们努力争取进步，就会从这里的某个维修厂房或者家庭实验室里，出现新的莱特兄弟（brothers Wright）、亨利·福特（Henry Fords）、爱迪生（Edisons），就会从大企业的工厂和实验室中出现许多不知名的天才。与之类似，地方政府与托马斯·杰斐逊所热爱的革命也总是从市场、市镇集市、农贸市场、民间餐馆、酒馆里寻找自己的支持力量。未来的力量也一定来自于类似的地方，在麦迪逊广场花园（Madison Square Garden）上的夸夸其谈和广播电台"论坛"里的空谈根本就无济于事。把我们的城市拱手交给私人超级政府将是对我们的出卖，它的替代办法也不能让没有规划的混乱局面这一旧病复发，而是要对它们加以控制。如果一个政府是人民的政府，那它一定是为了人民而存在的，也必定是由人民来管理的。

城市中心衰落及强调邻里和社区，这些暗示了新的城市格局正在形成，新格局与过去的旧格局有所不同，但是二者存在着共同点。封建和宗教的社区是被城墙围起来的，城中心是古堡或者主教大教堂；君主的城市也是被城墙围起来的，但是城中心的建筑是宫殿；商业城市没有了城墙，但却变得很拥挤，城中心是商务区；未来的城市将是一系列以居住区和学校为中心的城市群，其中商业和工业要根据它与居住区的关系来决定其位置，而不是反过来本末倒置。学校办学的理念正在改变，目的是为了满足逐渐老龄化人群的需求，这个人群提出更多的休闲需求和对成人教育的渴望。具有完美规划和恰当管理的学校自然就成了整个社区的焦点。学校设施可以每周七天、每天十八小时开放使用，用于教育、运动休闲、健康娱乐、民众集会。而我们大家都熟悉的学校里那些令人望而生畏和不愉快的特征将会变成开敞和温暖，学校是为社区提供服务的场所，不再是充满学究气和高高在上的地方。实际结果是，学校会成为普通人的俱乐部。这可能是比较遥远的理想，但是，所有的迹象表明，这样的解决办法是可以解决我们目前所面临的许多问题的。如果我们积极主动地这样做，民主制度将会发挥真正的作用，让技术服从于广大的公共利益，而不是被邪恶势力用来仅仅解救他们自己。

城市的重新规划是不可能仅仅通过"都市再开发"或者诸如此类的任何一种做法就马上实现的，这项工作不可能一蹴而就。它的过程似乎要比很多人期待的要快一些，但是，它仍然必须是循序渐进的。关键的一点在于，我们必须先有一个宏观的规划，这样我们不仅可以按照需要处理眼前必须处理的事情，而且这些事项都会得到恰如其分的处理。有很多东西我们可以在今天把它们布置在恰当的位置上，一小部分我们可以把它们布置在较为恰当的位置上，这样可以满足今后五年左右的需求，还有更少量的一些内容，我们对它们的位置只能做一些猜测而已。无论怎样，如果我们追求一种有序的增长，那么，某些远景展望的工作是必须做的，并把它们落实到文字上作为我们工作的指导，而且随着时间的推进不断加以修正。这个过程就叫作"总体规划"。

请注意，一个"总体规划"绝对不是一张蓝图，也不是"官方的正式地图"。尽管这张图纸是以类似地图的形式出现的，但是它根本不能叫作地图。它是对于财经、社会、物理等数据的分析结果积累；它是由事实、虚构、推测及期待所组成的；它包含了地图、注释、照片和建议。正如田纳西河流域管理局的规划师说的那样，"不是一个目标，而是一个方向；不是那种可以一劳永逸的平面图，而是人们有意识的选择，是一系列连续的平面图"。

所以，总体规划不是静态的，而是有生命的，随着周围情况的变化而不断地变化着。这个规划必须不断地更新，不断地向民众公布和宣讲，因为一个没有民众参与的总体规划就不是总体规划，而只是一套被放进象牙塔的蓝图而已。

根据总体规划的定义，任何一个委员会都不可能把总体规划按照方案图设计的那样完全实现，只有在规划方向为广大民众所接受的情况下，总体规划的影响力才能发挥出来。民众对规划的接受程度并不取决于民众对于复杂成就的理解，而是取决于对直截了当的目标的认知：目标就是对社会、对民众有益。这个规划应当清楚地告诉民众，"这就是对于我们所居住生活的这座城市应该是什么样子的一种理解和认识，是一种美好的展望。假如大家，城市里的全体民众，都认为这是一个好规划，而且都相当渴望实现它，那么到最后我们就会实现它，至少它的基本原则是可以实现的。"要做到这一点，不但要花费毕生的时间和精力，而且还需要勇气。

要想让一个总体规划具有对未来的影响力，这个规划必须有一个明确的方向和一种大的哲学理念。其中的一个实际上暗示了另外一个。大多数规划委员会被经济方面的目标搞糊涂了，他们对于自己希望达到什么目的并不清楚，又对房地产利益集团和那些"讲究实际的人"心生恐惧，其结果是他们迷失了方向，大的哲学理念，无论它是好还是坏，都没有得到充分发展，规划失去了赖以生存的基础。他们知道，任何关于远期规划的想法都会遭到攻击，即便是这种攻击还看不见踪影的时候，他们便已经退缩了。他们也害怕那些急功近利的人对自己的嘲讽，这些挽起袖子说干就干的人都有自己明确的任务，有眼前必须达到的目标，他们不需要什么方向，因为他们并不想改变现状。他们就像红桃皇后（Red Queen），他们自己并没有意识到这些，只知道如果自己想要，必须用双倍的速度才能达到。总体规划对这些人来说没有用。沙漏里的沙粒很快就会流尽。

还有一件很令人沮丧的事实，那就是，很多城市规划师并不认同田纳西河流域管理局的方法。这些规划师对于民主程序缺乏耐心，对广大民众缺乏信任，对于政府官员们深恶痛绝，对于法律的拖延感到厌倦。他们怀念过去，羡慕集权独断专行的人在城市规划中取得的伟大成就；他们的专业训练让他们崇拜漂亮的结果，对达成结果的手段毫无反感。这样说他们或许有一点不公平，因为他们并不羡慕专制君主的身份，他们仅仅是在民主过程中缺乏耐心，只是有些挫折感，有点像一位在和自己执拗不听话的孩子争吵的家长，一方面希望能凭借武力尽快摆平眼前这件事，一方面又必须克制，希望这个顽皮的孩子能从中得到教训，明白这些都是为了他自己好。规划师们就像卡莱尔（Guy Wetmore Carryl）诗歌中小红帽的爸爸妈妈：

最值得赞扬的是

小红帽的妈妈注重德育的方法

也从来没有人能比

小红帽的爸爸更加谨慎和聪明

他们从不误导孩子，他们所说的就是他们所想的

而他们所想的也常常会说出来

他们小心地指给她应该走的路

而他们指给她的路，她就会去走

　　我们把总体规划当作一个庞大的参照系统，其中的"规划图"被立法机构接受了，但是规划理念却没有通过立法的方式得到"明确"，因此也就没有法律的约束力。一个城市总图（City Plan），或者叫它"官方地图"（Official Map），如霍尔姆编制的费城总图，或者1811年纽约规划委员会版的纽约总图，或者今天我们许多城市总工程师办公室档案库里的众多官方正式总图，这些图纸都是法律文件，如果它们对未来的规划过于长远，那么它们从本质上讲会变得非常僵硬，而它们带给城市的后果最终必定是破败衰落。官方地图的目的和总体规划图（Master Plan）的目的恰好是相反的：官方地图记录着城市中的一切，详细到马路上的水井盖，这是一份绝对关键的资料，是不可或缺的。但是，当这个官方地图在很多细节的地方为尚未成熟的地块早早地规定了用途，这时它就从法律上约束了这个城市。没有人能够在没有需求的情况下详细地预测出土地的使用性质，而根据这种假想规划出来的道路系统总是被证明是灾难性的。主要干道和快速公路可以，也应该被早早明确下来，并落实到图纸上；公共区域，如公园、学校也很快跟进，但是进一步划分土地就应该留在最后进行。城市地图早早地把对今后的发展根据设想画上去，这样荒唐的做法到处可见，比如费城、芝加哥、曼哈顿、皇后区，以及每一座做过规划的城市。无视曼哈顿的美丽地貌就是一个可怕的例子；而费城外围区域的规划图（不是霍尔姆的规划图，而是后来城市工程师头脑风暴的结果）则向我们证明，一个很不错的城市外围区域是如何从同样的命运中被及时地解救出来的。

　　城市官方地图不应该超出公共工程部门近期的工作太多，比如说三年到五年的期限。超过这个期限，规划就应该是很宽泛、示意性的东西，同时是可以灵活多变的。这便让它成为总体规划图，或者反过来说，随着时间的推移，许多好的提案逐渐变成现实，总体规划图也就变成了城市官方地图。对于城市中的区域而言，情况也是如此。对于城市中某一个街区，或者一个片区，甚至是一个"规划区"，我们很明确地知道该如何具体处理。但是，当规划覆盖的范围越来越大时，我们必须找到一种更加具有概括性的方法，也就是说，仅把对于城市整体发展最为关键的内容确定下来，如主要交通干线、规划区的设立、各种市政管线的协调、这些管线中某些管线的大致位置及政府的经济核算。至于大都市区域的规划，那就需要在更大程度上进行概括，主要是关注大的走向，但是对于个别具体的战略要地，则要

对各区域的问题进行分析并提出解决方案，很具体地协调各组成部分之间的不同需求，或者明确一些具体的目标，然后努力工作来实现这些目标。为实现目标而采取的战术手段在时间上是要立即执行的，在影响面上则是局部的。

因此，城市的总体规划和它的官方城市地图代表了城市规划工作的两极：一方是渴望期待的远景，另一方是摆在我们眼前的现实……在二者之间有一座连接双方的桥梁，这就是土地分区管理法（也是我们的控制性规划）。如果说总体规划是一个指南，官方地图是一个记录，那么分区法（控制性规划）则是工具和制约。控制性规划可以说是目前最有影响力的工具，这是为实现总体规划的目标而专门设计出来的一个工具。关于控制性规划的起源和目前糟糕的地产状况我们在前面已经讨论过了，眼下重要的是，控规作为保护公共利益和健康的工具，它的正当性和必要性已经得到了法院的认可。因此，对土地的使用和建筑体量的控制手段就完全建立起来了，在一定的管理范围内，可以对密度直接进行干预，也就是说可以控制每英亩上的人口数量。在总体规划这个大框架下，每一个区域都是可以规定它们的用途、建筑体量和密度的，而且随着这些区域的开发逐步推进，以上这些规定会越来越精确，限制也会越来越严格。控制性法规和总体规划不同，它是一系列具有法律效力的图纸，但是，这些图纸又和城市官方地图不同，它们在经过评审团的审议后，只要在合理的范围内，是可以变更的，不需要再借助当地立法机构的协助来对这些变更进行重新讨论。这给我们提供了一些有限的灵活处理的空间。所以，只要善加利用控制性规划，不仅可以在一般区域内控制土地的使用性质，而且也可以对必要的区域如高速公路或某些具体区位进行控制，使之满足交通总体规划的要求，最终实现总体规划。

专业的规划师试图仅以经济的理由来"推销"自己的城市规划方案，忽略甚至否认城市规划的社会利益和美学因素，这和我们今天的情况相当一致。这样的矛盾很令人好奇。这个矛盾在于，那些传说中的经济好处在对社会有益处时，从统计数字来看，却在很大程度上并不能证明自己和城市规划有多大的关系。把真实的工资水平做一个极大的提升可能就足以解决许多城市的主要经济问题，根本犯不上求助于任何一张城市再开发的图纸。目前试图通过做城市规划来解决经济问题的城市将被证明毫无收获。尽管如此，规划师为了让别人觉得自己的工作既有意义又结合实际，他们便大谈经济因素，而不是民众的福祉利益，或者是城市艺术。但是，现在大家看得很清楚，单纯地从经济角度来做城市规划不会有成果。只有民众的切身利益和城市的美观才能唤醒民众的想象力，而且只有借助于民众的愿望才能做出成绩。事实上，在民众的收入水平可以满足自己的需求之前，所谓的按照民主程序进行城市规划的工作是否能真的出现都还是问题。在热风吹拂下的沙漠上，画在沙堆上的规划图也只是一种幻觉。

过去历史上那些伟大的城市规划都是激发起民众想象力的规划设计。尽管能够把最初的设计完全贯彻始终的城市不多，但是这些规划设计以非常真实的方式，起到了"总体规划"的作用。雷恩的伦

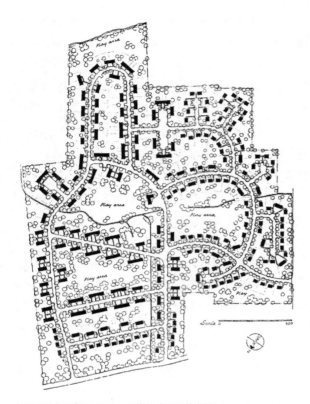

新泽西州克利夫顿（Clifton）市的阿卡夸坎侬克村（Acquackanonk Village），这是一个由国防部资助的住宅项目。规划根据等高线展开。有超级街区、大型活动场地，没有过境道路，尽管住房在材料和设计上很相似，但在总图布局上避免了单调的简单重复。建筑师为亨利·丘吉尔。

敦规划就是一个例子，它也是几个世纪的努力目标。巴黎的协和广场设计竞赛是这座城市声势浩大的改造工程的一部分，先后推出了一系列的城市规划方案，它的高潮是法国大革命后的第四年1793年著名的"艺术家的规划方案"（Plan des Artistes）。拿破仑一世时期几乎所有的建筑都是根据这个规划方案来设计的，这个规划也给豪斯曼很多启发。哥本哈根这座美丽的城市在一百多年的经营里，都沿用了在1600年前后克里斯蒂安四世（Christian IV）时期做出的规划方案。在我们国家，波士顿仍然在努力实现罗伯特·莫里斯·考普兰（Robert Morris Copeland）的规划方案，芝加哥的伯纳姆规划方案、纽约的区域规划方案都仍然在发挥作用。

在今天，我们当然不能再采用过去历史上那些规划设计师的方法来规划设计我们的城市，这是不言而喻的。我们的确必须考虑具体执行中的经济问题，我们也必须在考虑问题的时候重点关注生活而不是炫耀。我们今天的规划是为了安置数以百万计的民众，不是一个君主和他的朝廷，从根本上讲，我们面临的是完全不同的问题。但是，如果解决问题的方案要最终实现的话，它必须是富有想象力的。把芝加哥湖滨的重新整治和摩西公园管理局（Moses' park administration）的主要成就放在"经济项目"的标题下，这明显是荒唐的。然而这些工作在建造、筹集款项、后续的维护上，其成本都是巨大的。为什么？就是因为有那些看不见、摸不着的因素让民众为城市中伟大的精彩作品感到骄傲。换个说法，假如你一定要给这些内容标上一个价格，那么你的账本里可以注明这笔开支算作城市广告费。

如果我们愿意尝试，那么我们有能力把任何一个引起我们兴趣的城市规划方案予以实施，让它变为现实。到现在，我们明白，金钱本身并不能算作一个国家的财富，金钱不过是代表了这个国家的财富。创造财富的手段是生产，在战争时期，我们可以把我们创造的全部财富用于破坏，而在和平时期，

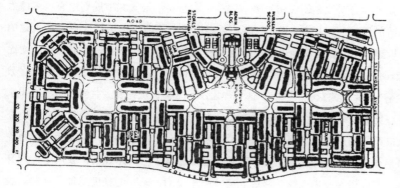

加利福尼亚的鲍德温山村。全面整合后的超级街区取代了原始的被分割的小区；这种手法或许只有在一大片用地作为一个整体时才有可能。建筑师为约翰逊（Reginald D. Johnson）与威尔逊（Wilson）、莫瑞尔（Merrill）与亚历山大；斯坦因为咨询顾问建筑师。

假如我们愿意，我们可以尽可能地扩大建设。城市中任何希望拥有的东西都是有可能得到的。规划的技术已经足够了，经济上的滞后、法律上的阻碍、民众的漠不关心才是真正的障碍。一定要找到什么东西来真正地改变民众漠不关心的态度，这样才能够让我们战胜和克服这些障碍。

我们要找的东西就是把民众引以为傲的城市元素带进人们的日常生活里去，让它们围绕在人们的身边。今天这种让民众引以为傲的城市元素与过去古代绝对君权的宏伟规划（Grand Plan of Absolutism）有一定的关系，但是这些城市元素一旦完成，它们就会成为城镇中民众的公共场所。建筑艺术作为最无处不在的艺术，必须重新担负起城市规划中第三维度塑造者的责任，让我们生活的每个城市空间都具有和谐一致的美妙形式。

在最近一段时间里，城市规划领域里最了不起的成就不是在大城市，而是在小城市、小镇、新城，以及一些由建筑师设计规划出来的项目里，这或许不是偶然。莱奇沃思和韦林、隆姆斯塔德、从拉德博恩到鲍德温山村的一连串绿带城市，以及很多战争时期的实验工程，从马塞纳（Massena）到查尔斯顿诺佛尔科（Norfolk）、从威洛鲁恩到瓦列霍（Vallejo）：这些小城都是验证新技术的实验场。

我们迫切地需要找出一种综合的新设计方法。今天的城市规划是许多彼此互不相干的技术综合作用的结果，它是一种集体合作的产物，是不同领域里的专家共同完成的结果。这是一种相互合作的过程，很少有人能感受到个人在其中的责任，因此他也不会因为城市规划中的创造有什么自豪感。由于现代工业化生产和施工的特点，一个城市的规划设计也不可能像中世纪的城市那样是真正意义上的全体成员的集体活动。那么，我们所需要的是一种工具，借助于这种工具，城市规划设计中最关键的技术部分能够服从于城市设计中更大的元素，这有些类似底特律的阿伯特·康（Albert Kahn）和田纳西河流域管理局的罗兰·万克（Roland Wank）所设计的那些工业厂房建筑，建筑师在这里可以自由地创作出恰当又美观的形式。

对于任何艺术，一件伟大的、富有想象力的作品必定表现一个中心主题，表现一种力量的理念；

有多少艺术家团体可以同时具有并且可以毫无保留地表现同一个理念呢？现代城市规划中有很多伟大的理念，霍华德、勒·柯布西耶、弗兰克·劳埃德·赖特都曾表达过自己的理念。他们每个人表达的都是一种理念，不是具体的规划方案。到目前为止，最好的规划方案是福肖（Forshaw）和阿伯克龙比（Abercrombie）设计的伦敦郡规划方案。这是一个大胆又严谨缜密的设计，方案是经过深入研究、分析和资料整理后完成的，必将产生深远的影响。当然，这个规划设计方案也是许多人共同努力的结果，但是，它的大方向是由一个小组确定的，这个组的成员在签上自己的名字时就自然地肩负起职责，要为之战斗，为之辩护。近代最不好的规划设计要数爱德华·勒勒斯爵士（Sir Edward L. Lutyens）为伦敦做的规划设计，它把从丹尼尔·伯纳姆时期开始所学到的东西都抛弃了。毫无疑问，我们不能抛弃经济学，不能抛弃测量普查，不能没有交通专家，等等。同样毫无疑问，光有这些仍然是不够的。我们必须对这些给出我们出色的见解才行，对所有这些组成部分进行彻底吸收和理解，把它们变成超越其自身的一个崭新的伟大作品。

这句话听起来好像是在祈求伟大的天才尽早出现，对吗？一个人伸手够不到月亮，但是他可以抓住一只萤火虫。这是一个祈求，也是一个警告，它提醒这个国家众多优秀的规划师发挥自己的想象力，如果不能正式地以官方名义去畅想，也可以自己在业余时间去畅想，暂时把桌面上的迫切问题放一放，让自己的想象力尽情驰骋飞翔。它是一个警告，如果规划师不这样去做，那么他们的工作在很大程度上会白费力，因为巨大的变化时刻都在发生，今天早上看上去光鲜艳丽的新统计数据，到了明天就会变成毫无意义的不相干的东西。城市规划工作由图纸上的线条和计算器上的图表数据组成，如果一个规划普普通通，没什么毛病，那么它也能获得"通过"；城市规划的艺术则有四个维度，即长度、宽度、高度和想象力，如果一个规划足够优秀，那么它就会被采用，成为这个国家文化的一部分。

分区规划、总体规划、测量普查，这些都是工具，不是目的。我们的目的是建造一座适合居住的城市，能够满足现代科技生活的需要。除非我们的规划师懂得实现这些目的的方法是什么、城市要成为什么样子、住在城市里的民众（不是那些"拥有"这些房产的人）希望得到什么，否则城市规划工作将仅维持在为规划师提供谋生手段的水平而已。一个城市的设计代表着居住在城市里的民众的集体目的，否则它什么都不是。因为归根结底，城市规划不是仅仅为了应付一群过客带来的短暂压力，也不是把对未来的希望塞进一张漂亮的图纸里。它是一种非常含蓄的东西，一种固有的同时又必然会发生的东西，类似于蜘蛛肚子里还没有结成的网。

结 语

　　我在前言里曾经说过，自从这本书出版发行以来，对于一些内容，我的想法改变了很多。或许其中最根本的改变在于，我过去一直坚信，城市规划理论和设计的进步将会持续不断地进行下去，而这种进步将来自于"新城镇"的出现（在美国范围内）。现在回头看，我的判断大错特错，因为我们不仅没有（在美国）看到任何"新城镇"的出现，而且鼓吹新城镇理论的那些理想和目标现在也已经变成一种阻力和障碍，使得人们无法清醒地去思考对已有城市进行建设的理想和目标。

新环境

　　重视和强调对具体的城市实体进行规划和设计，这无疑是创造新环境的根本，但是，当工作的重心从创造转移到修修补补上的时候，我们重视和强调的对象也必须跟着转移。城市规划的工作重点必须从关注"新城"和三维实体的具体操作落实变为以数据分析、财政职责、政治可行等为基础的管理工作。

　　可以这样说，自从帕克佛雷斯特（Park Forest）和莱维敦（Levittown）两座新城出现以来，就再也没有出现过所谓的新"规划设计出来的社区"。但是，与此同时，我们却看到在各级政府机构中大量地出现了城市规划部门。在这种情况下，政府部门中主管规划的官员现在把持着非常风光的职位。

　　在这些城市的周边地区，在过去的几十年里则连续出现大量的城市蔓延现象，没有任何指引，没有任何控制，唯一的相关依据是土地细分规划。概括地讲，这种无序的城市蔓延就是把 1935 年那些超前规划师的规划投入到实践中来，也不去深究它们的真实含义。因此，平地上出现了弯曲的道路，在道路规划中时不时地出现一些错位，以及两种不同的道路宽度。甚至"让通往学校的道路成为绿带"的做法已经变成一种共识，而所有规模大一点的开发项目都有属于自己的购物中心和居民步行即可到达的小型集中商业区，许多小区有属于自己的泳池，很吸引人，也有刺鼻的消毒水味道和一定程度的种族偏见。

　　这些城市蔓延中建造的小区的确有着这些缺陷，但是它们要比 20 年代那种单纯的割地交易好得多，难道它们不应该比过去好吗？至少这些小区有房子、柏油马路和下水系统（或者化粪池）。联邦住宅管理署的贷款计划作为一种工具有效地终止了 20 年代那种无聊的操作模式，使得多数人在当时有了可以居住的地方。至于这些房子在无法避免的衰败出现之后会怎样，现在谁也说不好。但是，如果说这些在过去十年里大批量建造起来的房子在建造技术和结构方面有多么坚固耐久，那可能还是十分令人怀疑的。至于说"永久不坏"是否真的就是一个好主意，这也是非常值得怀疑的。在将来，拆掉一个木棚子要比拆掉一个坚固的建筑物容易得多。至于说这些房子的买主支付在贷款利息上的金钱是建造房子成本的两倍之类的问题，不需要我们现在去关心。

不幸的是，在具体设计这些小区，让实体落地的时候，这里的规划设计没有任何实质性的进步。我们不应该期待太多，但是在纽约莱维敦新城之后，我们希望看到小区的设计中出现某种新的进步，这样的期待不算过分。显然，人们从来也没有去想什么才是更好的设计。有创造力的思想似乎在斯坦因和柯布之后就寥寥无几了。我曾经对此种现象给出过我个人的解释，但是，即使是在英国，新城镇的理论在很大程度上也不过是"花园城市"和"阳光城市"两种冷饭的回锅而已。但是，英国人还是会对这两种理论的过去进行反思，从中学到一些东西。克劳利（Crawley）新城不同于莱奇沃思的新城。夏普、吉伯德（Gibberd）、霍尔福特（Holford），还有其他一些人，他们会翻出过去的教科书，收集过去的批判文章，把具体的设计同理论进行认真比较。而在美国则根本没有人做类似的工作。

新的神话

在美国，人们对神话的热衷及对正式"解释说明"的渴望，使得搜集统计数据的工作获得空前的刺激和鼓励。在城市规划有关经济和社会方面的工作中，这一点尤为突出。我们不仅知道一共生产了多少枚胸花，而且还知道有多少个天使是头朝下在跳舞的。正如我之前曾经指出的，这样的做法极大地满足了美国商人对一切进行量化的信条。一旦结果被贴上"经过了竭尽所能的研究"的标签，他就会停止进一步的研究。城市规划委员会的成员都是商人，他们不可能深入探究工作人员的专业程度。套用一句老话，并略加改变，就成了这样一句话：对 IBM 好的，就必定会对城市好。

比如说，有一项研究过程积累了超过 800 万张 IBM 卡片。根据这些卡片，我们可以指出两个服务站之间应该保持怎样的距离才可以使三岁的玛丽在跟着大人出行的时候最为便利。在法国，事情则简单许多——路边就是给人用的，主持这项研究的总监很明确地指出，这些卡片告诉我们关于人们的旅行习惯及很多其他方面的基本信息。这些还不够，我们还要继续搜集更多的卡片，这样，我们就可以掌握区域规划中需要掌握的所有数据。这里所缺少的是如何应用这些数据的理论，解决人们在区域发展和改变中遇到的问题。

这些都是我们这个时代的组成部分。数据带来分解和融合，社会学家和各种专家从数据中寻求支持。他们一方面受到人类学家口口见骨的啃咬，一方面又受到心理学家对直觉感受的攻击，他们唯一能依赖的只剩下统计数据了。唯数据论的结果是得出这样一个恒等式：量化等于非人性化，城市因此与人无关了。

城市整体功能分区

　　城市规划师的地位在城市市政事务中已经极大地得到提升，几乎所有大城市的规划委员会及许多中小城市的规划委员会现在都承担起政府预算计划的责任。政府部门的预算包含一定资本的投入，这部分预算必须接受规划委员会的审议和协调，而规划委员会则根据公共设施的五年计划或者六年计划来确认孰先孰后的次序。规划委员会在这方面的工作已经卓有成效。它把从前分散进行的、彼此互不相让的工作进行整合，使之形成具有连续性的工作，同时为市长、市立法机构、各部门首长的工作提供一个完整的蓝图。

　　这项工作需要与所谓的城市整体规划紧密结合起来。这个整体规划现在也叫全面综合规划，目前只有少数城市拥有自己的全面综合规划。预算投资计划本身就成为全面综合规划的一种，或者是整体规划的一种。这种资本计划就是根据手头上即将使用的材料来制订的，而这些材料在将来的某一天会构成城市全面综合规划的组成部分。尽管各种法律的解释中有不利的解释，实体落地的具体操作仍然来自于城市功能分区规划图。

　　费城于1961年完成了它的全面综合规划，该规划取代了早已被人遗忘的于1917年制订的规划。至于规划委员会的这项规划是否能在以后的市政工作中得到实施，这项规划是否会对市议会今后的决议产生任何实质影响，尤其是在审议功能分区变更的申请时，是否能发挥指导作用，我们现在还无法下结论。这是一个对"压力"特别敏感的领域。

　　正是因为这样的敏感性，用地功能分区并没有成为实现规划的一项"工具"。因为迫切需要进行区域划分的工作，城市和乡镇在完成自己长远规划之前便率先完成了城市功能分区。为了保持现状，或者更具体地说，为了防止黑人和穷人涌入自己的城市，用地功能分区这项工作必须尽快完成。这样的用地分区一旦被通过，逃避法规控制的手段就会把土地使用性质"向下调整"，绝不会出现"向上调整"，因为"向上调整"是不可能赚到钱的。具体的过程大致是这样的：当拿到一块位置不太理想的地块时，开发商会获得某种选择权，他会向管理部门提出一个申请，把这个地块的等级向下调整，我们把这个申请过程叫作"变更"。如果这个变更被批准了，他就可以在这个地块上面建更多的房子，或者干脆用来做别的，这样，他还什么都没做，就已经赚了一笔。假如他的变更申请没有得到批准，他仍然有机会向当地立法机构提出申诉，要求改变用地性质。如果他的申诉得到批准，那么他和前面说的一样，什么都不用做就立刻赚一笔。即使他的申诉没有获得批准，那他也没有什么损失，只不过是向执政党交了一点钱而已。而他的全部投资就是这些，在任何情况下，假如他必须在这个地块上进行建设，将会有各式各样的机构出面资助他。

　　上面粗线条地描述了变更过程，而它千变万化的形式是那些投资企业精明计算的结果，这些人会绞尽脑汁地充分发挥立法的最美好愿望来达到自己的目的。这也是今天的开发商和施工总包单位非常积极地支持用地功能分区的理由之一。它让这些人的聪明才智得到充分施展，如果把这里的把戏和伎俩都记录下来，那将是非常具有娱乐性的阅读材料。

从规划师的角度来看，用地分区并不是一个有效的管控手段。如果政府不能拥有土地，那么政府就一时无法找出适当的管理办法来让城市遵从规划设想，从而达到令人满意的效果。在今天，政府拥有土地虽然没有过去那样令人心生恐惧，但是作为一种永久的手段，它仍然遭到人们的质疑。城市更新改造工程让各地的市政府部门从中吸取许多教训，有些城市甚至公开讨论"土地储备"问题。但是，这其实还算不上真正由各级政府拥有土地，政府的计划是暂时把土地"储备"起来，等将来某个时候，再把土地以合适的价格转让出去。

清除贫民窟工作的变形

在政府管理工作中，城市规划极大地加强了对土地投机活动的控制，但是，与此同时，这个规划也让社会服务工作蒙受了同样的损失。

到现在事情已经很明显了，清除贫民窟的工作不可能仅仅通过公共住房署来完成。这项政府公共住房工程无疑是一个受限制的工程，而远在华盛顿的管理程序也更加限制了它的有效性。这项法规本身并没有设定许多条条框框，但是，执行这项法规的人则是毫无想象力又不愿意承担责任的一些人。他们一想到国会的调查，就胆战心惊。这里说的国会调查还是指早在麦卡锡主义之前出现的那些普通调查。这项法规有许多反对者，而它的支持者都是一些满怀热情但没有什么权势的人。这些人犯了一个极为严重的错误，以为在一些不是最令人头疼的几十处出贫民窟建公共住房，他们的地位就会得到加强。

但是，随之而来的结果是，这项工程遭到了越来越多的反对。这些建起来的住房，总的说来极为单调，毫无特点可言，而且也解决不了任何问题，因此没有任何人愿意出面为它辩护。如果这个项目无法满足社会和民众寄予它的美好期待，那么，根本无法借助"公共关系"来抵御来自各方面的攻击。

呼吁清除贫民窟这项工作的人，没有从法规的根本上找原因，反而把问题归结到这项工程的范围不够大，指责工程的实际规模太小。这真是非常有代表性的现象。如果清除贫民窟需要 20 年的时间，那么公共住房署根本不需要做别的工作，只要在许多城市重建的巨大工程中负责其中的一小部分就够了。什么"远离城市的构想"，必须放弃！这是一个恢宏的梦想，开拓疆土的新方向现在转向了内部，载满拓荒者的大篷车正向城市中心驰骋。

规划师说，这个工作并不难，只要我们动手去做就可以达到目的。为了更有效果，我们不但要清除居住区里的贫民窟，而且要清除工业区和商业区里的那些衰败地块。全面的重新规划工作绝对是必不可少的，在此过程中强硬地使用权力也是必需的。

城市更新改造

一件令人称奇的事情是，试图通过立法手段来推行城市改造计划的提案居然被国会通过了。这项法案是在 1949 年针对一项住房法规的修正案中通过的。简单概括地说，如果地方立法机构认定某个区域为贫穷破败区，那么根据这项法案，美国联邦政府将提供资金给当地职能部门对这个区域进行深入调查研究，援助当地政府征收土地，从征收到出让之间的差价三分之二由联邦政府支出，而且是永久性支出，不需要偿还。这个法规也适用于土地征收中权力巨大的具体执行单位，而在过去，土地征收的权力是受到法律严格保护的。

在这项法规中还有一些特别好的条款，它们是关于搬迁家庭的补偿办法的，但是，对于小型工商业主来讲，这种补偿根本远远不够。此外还有一些次要的内容，包括允许州政府制订自己的相关法律规定，很模糊地给出如何满足大规模项目（"整体综合"）规划的要求等细节。公共住房工程并没有被授予特权，具体落实这个项目的部门不能组织具体的工程施工，承包这些工程的必须是一些私人企业，诸如警示格言公司、原动力公司等。

这些工作需要设立一个新的管理机构：城市改造管理署（Urban Renewal Agency）。这个机构受到人们的欢迎，它带来一个充满希望的全新开始，不像那个因循守旧的公共住房署。新设立的城市改造管理署的负责人都是出色的年轻人，他们充满朝气和理想，但是他们随即就被淹没在各类文件堆里：标准、表格、行政指令、区域公司办公室、控制管理、审议、再审议、报批，以及倾听各种倚老卖老的胡扯。这类事情似乎是无法避免的，因为我知道，这些年轻人当初开始投入工作的时候，都十分痛恨这些东西，都期望以清晰、简单的工作方式把事情做好。但是，他们还是做不到。

之所以如此，其中一个原因就是管理署收到的很多专业提案出自很多不称职的专业人士，而且不称职的专业人士有很多很多。我是怀着原谅这些人的心情在这里讨论这个问题的。其中有些人根本不知道自己在做什么，很不专业；还有一些人偷工减料，想走捷径，企图蒙混过关，能少做就绝不多做一丝一毫；也有另外一批人明显怀有其他目的，他们是受雇于某些特定利益团体的，他们的提案自然代表了这些特定团体的利益。因此，某种统一评判的基本标准必须建立，归根结底，这些投资毕竟是在花纳税人的钱，统一的标准也是公平的。如此一来，当初设计这个机构的美好愿望也就到此为止了。

政治收获

在这项政府工程的初期还有一件有趣的事情，那就是这个政府工程异常快速地被多数人接受。各个地方市政府的官员们发现联邦政府允诺支付的三分之二经费无比有吸引力。这些官员当时并不十分清楚该如何操作这件事，但是他们都十分确信，总会有办法，而且这项工程的潜在赞助商数量巨大。

社会大众对此事也乐观其成，谁又会反对清除现有的贫民窟呢？尤其是听说住在贫民窟里的居民会被迁移到别处，谁还会反对呢？此外这项工程不用花市政府一分钱，因为这些原地再建的项目所带来的盈利不但可以降低税收，而且地方政府必须同时支付的那三分之一费用可以通过原有的市政维护工程预算予以解决，本来这些费用在平时的维护中也是必须花的，比如维护下水管道、图书馆、医院、焚化炉，现在只不过是把这些费用同"城市改造"联系起来罢了。这绝不是故意误导和欺骗：这只不过是我们本能的乐观估计而已。

因为我们都是乐观主义者。城市改造再开发工程的设立是基于一个真诚的愿望，那就是每一个私人企业都会积极参与进来，因为新的规定允许投资人减免一定的税收，并且允许动用政府征地的机制。在这样一种条件下，地产界的投资人都会相信，过去那种投机开发模式已经不再适用于这项工程。热情鼓吹推行这项工程的人忽略了一点，也许是他们忘记了，也许是根本就不知道，很久以来，我们的社会就不再有什么所谓的私人企业在房地产领域里的投资了。过去历史上或许曾经有过，但目前早已绝迹。联邦政府里不少介入过住宅开发项目的机构已经懂得，投入的资本必须有所保障，不应去冒险，甚至在许多情况下，应该尽量避免去尝试。不仅如此，联邦住宅管理局的规定从来都是鼓励近郊的住宅开发，而不是鼓励城市市区里的开发，尤其是市区里的公寓住宅项目。至于商业项目，几乎可以说根本就没有市场。在那些最大的城市里，只有几个"著名"的高层建筑得以建造，规模小一点的项目根本就不存在。

因此可以预见，在中小城市推行的城市改造再开发工程几乎完全处于停滞状态。这个"庞大的计划"过于庞大，即便是规模不大的工程项目，对于当地的资本来说也因过于庞大而无法承受，而外地的大开发商对于此类工程则兴趣不浓。最终的结果自然就是成果不佳，仅仅建造了一些市政府办公楼、法院、消防站之类的建筑。很多城市到最后只剩下一堆清理出来的瓦砾，还有更多的城市则只剩下一张规划图，没有任何实质性进展。

在几座大城市里，有一些富有而又有权势的人曾经站在围墙上高声呼喊过。曾几何时，人们似乎相信终于有人要在美国的主要城市里大干一场了。但是，始终是只听楼梯响，不见人下来。谁也不明白个中缘由，为什么人人看好的一场大戏居然无法上演，就连深谙房地产投机的专家们也弄不明白为什么。将来某一天一定会有人写一本令人着迷的书来说明此事。

海外的新动向

与此同时，有迹象表明，城市规划领域出现一些新的动向。但这些新动向还不成熟，还不足以称为新潮流。这些新动向有两个方面：一方面来自于规划师，他们从欧洲同行的实践中受到启发；另一方面则来自一些本土的建筑师，他们在自己的工作中小心地摸索。

对欧洲人的关注源于对瑞典米都维（Middle Way）规划中出现的那种神秘的保守极端主义（也就是不偏不倚的平常心）的好奇与不解。正是这种平常心让苦苦探寻美好的社会主义真谛的规划师们十分着迷。在不排斥资本的社会集体努力的大框架下，让城市得到有序健康的发展，瑞典在这方面的成就甚至要超过英国。首先，它的集体住宅开发项目取得了显著的成绩，其次是它的瓦灵比（Vällingby）新城的规划让人耳目一新，这两项成就说明，私人企业在政府的督导下是可以做出成绩来的。在战后，当斯德哥尔摩中心区需要大规模重建的时候，瑞典政府也取得了举世瞩目的成就。

瑞典的规划不能算是什么特别的创新，但是只有它取得了别人没有取得的成功。它的背景基调是光辉城市和圣迪耶（St. Dié）规划，它的近景是洛克菲勒中心及在纳粹制造的废墟上重建的鹿特丹。斯德哥尔摩中心区改造工作的重点不在于解决住房问题，而在于解决市中心严重的交通堵塞问题。斯文·马克留斯（Sven Markelius）是一位敏感的天才规划师，他在旧有的城市布局中镶嵌进去一种全新的布局，利用当地的购物习惯，引进了公共交通系统，同时他沿袭了洛克菲勒中心的旧例，在有效利用每一寸建筑面积的同时，为步行者提供了宽敞的步行空间。那些高层建筑都是私人投资建造的，它们的位置非常恰当，但是建筑效果却十分恐怖。它们的失败在于建筑艺术，而不是城市规划的问题。

鹿特丹是根据一张蓝图重建的，它的规模和形状都是事先安排好的。或许正是由于这个原因，这个城市看起来比较僵硬，有人工的痕迹，也缺乏生气和活力，尤其与充满生活气息、市容多变的阿姆斯特丹相比，更是如此。

第三个例子是英国的考文垂。这个城市的交通好像没什么问题，但是城市中心彻底地违反了商业规划实践中那些好的原则。城市中心没有核心焦点，建筑物莫名其妙地采用了多层，又没有明显的目的性，导致顾客来这里买东西非常不方便。

我们很多城市中心区的改造工程就是从这三个案例中寻找线索的。我们的设计师提出的方案就是某种多层的广场，一种向内开放的空间，布局让人看着就很不舒服，里面很正式地加上了"咖啡馆"和"露天民间舞蹈表演"等内容。这些内容和布局我们都很陌生。广场的核心构想是某种露天的自由市场，但美国的家庭主妇们几乎没有兴趣走进这类市场；那些为青少年提供的游乐设施则更是美国警察所不能容忍的。有时，这些梦想中的设施被布置在市政府附近的市民中心，但是不像斯德哥尔摩的商业建筑群那样亲切，也不像它那样方便，距离居住区都相当远，建筑也过于气派。斯德哥尔摩的老市场就是露天的，货架上的东西都是散装的，没有包装，商品丰富，人声嘈杂，布满灰尘，色彩斑斓。这个老市场位于音乐厅前面的广场上。在音乐厅前面是欢快的米尔斯（Milles）喷泉，而新建的购物中心就在广场的一侧，现在成为广场的一部分。超市在新建的购物中心地下一层，里面出售在工厂里已经包装好的商品，生意相当好，但是这一点也不影响老市场的运营。

我们相信，几次失败之后终会取得成功，这一点在英国也得到验证。英国终于放弃了所谓的追求进步，而改用其他手段。只有一个例外，那就是考文垂的市中心项目。英国人已经在对抗高层建筑的战斗中失利：圣保罗大教堂附近的巴比坎工程就是一个多层加高层的综合体。这个项目将会彻底地毁掉周边大片区域的地面交通。市政府已经批准了这个巨大的建筑，它邻近泰特美术馆（Tate Gallery），从桥上望过去，巴比坎项目的尺度让议会大厦和大本钟相形见绌。可以很公平地预测，不出十年，高速公路就会从伦敦市中心穿过，同时也会穿过海德公园，与河岸护堤大道打通，甚至有可能在兰贝斯宫（Lambeth Palace）附近修建一个3层的交通枢纽，以便缓解这些高层建筑所带来的交通流量。结果确实很糟糕，但是，让伦敦去面对吧。

我们自己的新动向

我在前面提到的另一个新动向则来自于我们本土人士对于如何赚钱给出的答案，从这样的思路得出的结果大概会很有希望。这就是购物中心，它已经从20年前的邻里社区原型转变和发展了许多，其主要特征已经改变。购物中心现在具有相当的重要性，首先是因为它看起来颇有成效，其次是因为它带动了周边地区的经济增长。不仅如此，它在设计方面的一些原则被有想象力的建筑师（和开发商甲方）运用到其他现有的商业区。购物中心不仅是一个可以方便购物的场所，还是大家可以逗留的地方，人们在这里游逛时会有一种开心愉悦的体验。当你把汽车停好，从车里下来，呼吸一下空气，你大可不必立刻返回车里。购物中心里店铺云集，从大型的百货商店到食品店再到各式特色专卖店、不同价位的餐馆、装点漂亮的小广场、儿童游乐场。这些店铺集中在一个有空调的室内空间中，且店铺的屋顶是互相连在一起的。购物中心里有花草树木、雕塑、灯、走动的人群；一切都干干净净，包装得整整齐齐，既卫生又有装饰效果，这是美国女人们的梦想世界。而购物中心里的市场大厅可以用来举办音乐会、各种演出活动、舞会，在晚上或者歇业时可以用作会议厅。人们太喜欢这种地方了，以至他们成群结队地涌向这里。

因为有了购物中心，周边的地块也都跟着发展起来了。这种开发模式并不严格遵循某种规划理论的教条，属于某种蔓延式的开发，它可能是对的，也可能是错的。购物中心的设计全面否定了以PTA为核心的绿化带的概念及邻里社区的概念。

这只是我所说的一种新动向中的一半，另外一半就是这时的人们有了一个新发现，即很多本来互不相干的活动其实是可以尝试着冒点风险把它们组合在一个屋顶下进行的，这样的做法目前在市中心区开始流行。每年有越来越多的案例显示，在市区某个街区里的数栋建筑，经过改造整合，已经变成一个统一的单位。最典型的例子就是把一家百货公司、一家酒店、一个停车场整合到一起，甚至形成一个内部十字路口，并且在街区中央位置增加一个内廊，让步行者可以很方便地在其中行走。[1]

现在不少新建筑也是根据这一想法设计建造的。

这是一种非常成功的城市改造实践，它可以把现有的资产充分利用起来，也不会造成一个很难填充的真空区。它也不会把城市给毁掉。必须承认，它的确没有把任何贫民窟从城市里清除出去，但是它成功地阻止了城市的"衰败"。这种方法也不是能够被应用到每一个街区的，但是它的确可以使城市重新具有活力，而且这种方法完全不同于以前的规划师根据自己所痴迷的来自欧洲的理念搞出来的那些构想。假以时日，这种采用新方法改造的城市会更令人满意，这是非常有可能的，因为它是从投资原则和商业销售原则出发摸索出来的方法。我们不能说这些方法比外国的方法"更好"或者"更糟"，我们只能说，这些方法是根据我们过去做事情的方法发展出来的。

道德问题

在还没搞清楚是否有需求的情况下就匆忙地把现有建筑拆除，这种不顾经济规律的荒唐举措现在受到越来越多的质疑。同样，"重建一个区域"和"发挥你的想象力"之类的追求"宏大计划"的想法也遭到质疑，或者说，全面启动这样的计划并希望尽快付诸实施的操作办法正在受到质疑，因为这类做法好像并没有引起投资资本的兴趣。

投资开发的资本在某种条件下也会有选择地介入都市改造工程，但是，并不严格受法律条文的框架约束。大公司希望拿一块地，准备在上面建座大楼，有影响力的个人在寻找一笔划算的交易，甚至教育单位也准备扩建，这些人或公司都有本事找到当地的渠道，为了各自的特殊利益，动用各级政府相应的资源，通过政府征用土地的特权，来迫使并不情愿出售土地的人赶快成交，不管此区域是否有成熟和迫切的改造计划。这样的违规操作之所以到今天还没有受到法院的惩戒，或许是因为把这样的案子上诉到即便是州一级的最高法院，它的费用恐怕也是原土地主人负担不起的。

充满期待的畅想

1945 年，我们的人口数量曲线开始出现下滑，这让每个人都不开心；到了 1962 年，人口数量又开始像反导导弹一样向上冲。1945 年的开发商不会考虑满足家庭人口比较多的住户的需求；而到了 1962 年，我们又都去建造银发族加上金发族两代人共同居住的房子。第四章结尾处关于人口预测的讨论错

1　一个非常早的案例就是中央火车站（Grand Central Terminal），这个建筑群非常复杂，包括了各种用途和功能，涵盖了各类建筑结构体系，这样的结果按照今天的控制性规划来操作的话，是根本无法实现的。

得非常离谱，但是它的确是根据当时的人口普查数据做出的。而今天的城市整体综合规划又是根据现在最新的数据制订的。对于这种编制过程我们没有什么异议，因为我们找不到其他任何数据作为依据。我们的问题是属于另一类的。如果数据不全，或者得到的数据本质上不是很可靠，那么，主要依赖这些数据才能制订的计划就根本不应该出台。

在整体综合规划中，人口数据不是唯一的薄弱环节。土地使用布局，部分是根据工业增长的预测来确定的；至于市中心商务区、郊区商业需求，以及高速公路的建设，这些则是根据对未来国家经济状况做出的猜测。

很自然地我们可以推论，大多数城市整体综合规划只是一种充满期待的畅想。即便那些猜测在将来被证明基本正确，事实上这些猜测也很可能是准确的，但是，人口和土地的分布则是无法管控的，不可能根据规划来安置人口和分配土地。因此，这个规划必须具备"灵活性"，必须经过不断修正和调整来反映最新的统计数据。当然，这也是常常发生的现象。规划是完整的，执行的时候却只有局部完成。然后这个规划就消失了，一切按照自己的规律发展，直到某一天有人意识到，我们应该重新制订一个新的规划。

重新审视这些旧的规划是非常有指导意义的。这些旧规划并不难找到，它们就藏在市政府的仓库里、图书馆的书架上和建筑杂志里。

有些城市曾经有过三版甚至四版的正式总体规划。这些旧规划图具有重大的指导意义，原因就是它告诉我们很幸运那上面的许多内容没有实现。当然它同时也告诉我们，在很多建筑建造之前，我们的城市是什么样子的，有些已经完成的工程是非常优秀的，对于这些，我们的民众应该心怀感激。有些内容则成了周期性话题，在所有的版本中都有它们，但是从来没有实施过。了解个中缘故一定很有意思。

制订整体综合规划的人总是充满期待地向前展望，但是，他们却不会回头用批判的眼光看看过去。在我看来，这些人的确应该反思一下。有些教训我们必须从历史中吸取。从前的规划有成功也有失败，在很大程度上，这些成功和失败向我们展示了规划理论与规划实践、规划理念与公众接受度及政治可操作性之间的正确关系。对这些成功和失败的来龙去脉进行分析可以让我们在许多方面有所裨益。这项工作将要求我们深入挖掘旧报纸堆、旧文件档案及其他的各种资源。

回顾

为了向前走，回顾一下过去是很有必要的。历史不仅能为我们提供一些方向性的参照点，事后诸葛亮般的反思也会为我们提供有价值的教训。1961 年 8 月号的《美国规划协会期刊》上刊登了威廉·惠顿博士的一篇文章。惠顿博士指出："半个世纪以前，美国发表的各式文章都几近夸张地描绘了一个未来平等社会的宏伟景象。作为例子，我在这里举出亨利·乔治的《进步与贫困》、爱德华·贝拉米（Edward Bellamy）的《回顾》及赫伯特·克洛里（Herbert Croly）的《美国生活的承诺》，这些有关乌托邦理想的论述搅动了我们的国家，引起了广泛的政治运动，让广大民众充满了想象和期待。今天，我们似乎很害怕谈论未来，努力实现被降低的目标，甚至不敢谈论 1984 年。"

我认为，对过去这些预言及纯城市规划概念进行回顾，可以帮助我们在未来做得更好。因为我们所说的这些理论和实践都是关心民众的，关心他们的未来，正如惠顿博士所说的，它们都是在追求一个平等的社会。这也是埃比尼泽·霍华德及他的前辈和他在英国、美国的追随者所关心的。当今关于规划的理论著述（这里的"著述"基本上已经失去了原本应有的意义）所关注的几乎全是一些"科学的"统计数字和平均值。这样的著述让我们远离了现实中的真正困难，而堕入了不切实际的幻想王国，如同过去神学家们所居住的那个天国一样。

一个最难解的悖论

这个悖论就是：为大众制订的规划，总是由少数人进行专权式的管控。对于神学的信仰如此，对于政治乌托邦的幻想也毫不逊色；事实上，这正是普罗克拉斯特神话（the myth of Procrustes）的精髓。为了使每一个人符合统计概念上的平均值，政府行政当局有权力把多余的切除，把不足的拉长（请记住，这个平均值总是你的，而不是旁人的）。每一个人都是不同的，他们有不同的需求，有不同的兴趣、欲望、爱和恨。他们可以是非理性的，是凭直觉行事的；他们喜爱性生活、金钱、娱乐。他们中不是所有的人都要有同样的东西，尤其是当有人告诉他们应该有同样的东西的时候，他们会更加要求有自己的个性。

如此说来，城市似乎不应该是为普通人设计的，而是为极端的人设计的。这就要求设计师具有非凡的想象力，也需要设计师有勇气接受无数的困难和挑战。

没有人应该住在一个卫生条件糟糕的贫民窟里。但是，那是一个经济问题，可以通过经济手段予以解决，它和城市规划没有什么关系。由于我们试图通过"城市规划"的手段来补偿经济上的欠缺，这才使得我们陷入政治和道德的窘境而无法脱身。把具体项目的开发同社会目的挂钩，将二者混为一谈，其结果就是在商谈经济利益和达成政治交易的时候，把社会目的给遗忘了。更有甚者，使过去为了保护民众的福祉而设立的一些保护措施在这个过程中被抛弃了，或者被严重地削弱了。

我们今天所需要的就是回归到一种直接又独特的工作方法来面对城市规划问题。城市规划不是消除贫民区（社会服务），也不是解决财政问题（税务改革），更不是为了达到什么正确的政治目标（诚实的政府）。城市规划是为了造就一种物质环境和便利条件，是一种三维框架，让民众可以在其中从事各种各样的活动。在这个大框架下，城市里发生的事情可以是混乱不堪的，也可以是秩序井然的，可以是正大光明的，也可能是淫秽下流的，抑或是不苟言笑的说教。城市规划不是米尔顿道德说教的组成部分。

人类的精神

对于人类的精神生活来说，城市规划有一个重要的衍生品，它可以，实际上非常有可能，带给人们一种充满美感的环境。随着我们对周围环境的认知不断增强，对休闲享受的追求也越来越高，愉悦感已经成为生活中一份宝贵的财富。购物中心的吸引人之处不仅在于它们外观设计的视觉效果，即形式构图美观，而且也在于它的人流走动、灯光效果、商品展示、背景音乐等偶然效果，即没有经过精心设计的随机效果。

规划中有些建筑物在建成以后，可能会给人带来一个愉悦的空间，而不是冷冰冰、空荡荡的壳子。这样的结果当然很好。但是同时，我们切记不能忽略保护我们现实生活中的那些场所，如纽约时代广场、伦敦皮卡迪利圆形广场、霓虹灯闪烁的大道及热闹的牛津街道。如果我们能够保留这些场所及各个城市中对应的类似场所，那么伟大的市民活动中心即使不在我们的控制范围之内，也一定会在时机成熟的时候应运而生。我们或许在它们出现时还没有意识到这些，我们的子孙后代会为它们感到骄傲，会因此赞美我们，就像我们崇敬和赞美我们前辈的作品一样。总有新的一代人会跟随前人的脚步继续前进。美，就像城市一样，在不断地发展着。所以，城市规划的主要目标就是提供一种环境，在其中任何事情都有可能发生。这个目标就是在这样的大环境下，有创造力的少数天才可以找到自己的方式让大多数人受益。

注　释

当我们看到一些古代城市平面图的时候，我们会有一种惊奇的感觉：这种惊奇不在于看到古人曾经做过什么，而在于看到古人的成就而无法加以改进的那种无奈。

在讨论规划界的新动向和国际形势的时候，我们基本上没有涉及非洲大陆。1945 年时的我们并不关注非洲。事物的变化真是太快了，这里指的是规模上的变化，而非对其理解的变化。

第 114 页上所提及的沙里宁指的是埃利尔·沙里宁。

对东海岸都市区的工业群所进行的概括讨论，并没有预见到该区的大规模融合。其实这并不要紧，因为其中已经包含了这样的目标。从波士顿到华盛顿这一大片地区是戈特曼博士所从事研究的对象，这项出色又深入的研究，名叫"巨型都市"（Megalopolis），是由 20 世纪基金会（the 20th Century Fund）资助的，其成果也是由这个基金会出版的。

第 122 页上提到的所谓污水处理系统仍然让我着迷。假如有一个基金会赞助几百万美元对它进行研究，可能对场地规划和区域开发计划产生革命性的影响，要比任何单项研究都有意义，但是，还没有一家基金会对此表现出兴趣。

第 125 页至 126 页对大房产主（Big Landlords）的概括描述，已经被证实。纽约市现在有大量的贫民窟，同时也有公共住房的房产主。现在大都会人寿保险公司要求市警察局对它的工程项目予以保护。

关于 131 页上讲到的城市分区，我过去的想法简直错得离谱。我现在的想法在结语中已经做了说明。

关于第 95 页上的"强制性规定"：在华盛顿西南区的一个受到大肆吹捧的项目中，为了美学上的效果管控，人们必须从开发商那里购买室内窗帘。在南方的一个公共住房项目里，黑人女性住户可以带两名非婚生子女，而白人女性则只能带一名，这是在道德管理方面的新进步。

图片来源

View of Toledo; painting by El Greco. Courtesy Metropolitan Museum, N. Y.

Mohenjo-daro; part plan of excavations, from "Mohenjo-daro and the Indus Civilization," ed. by Sir John Marshall. Courtesy Government of India. Copyright by Arthur Probsthain, London.

Peking. Plan of city. Redrawn from a diagram in "The Travels of Marco Polo," Scribner's.

Montauban. From Zeiller-Merian, a series of engraved plan and view books published in the middle 17th century. Courtesy New York Public Library.

Charleville. From Zeiller-Merian. Courtesy New York Public Library.

Karlsruhe. Courtesy collection of School of Architecture, Town Planning Department, Columbia University.

Worcester, Mass. in 1839. Contemporary woodcut from "The Massachusetts Historical Collection." Courtesy New York Public Library.

Springfield, Mass. in 1839. Same source as above.

Williamsburg, Va. A redrawing, by Arthur A. Shurcliff, of an early plan. Courtesy A. A. Shurcliff and Colonial Williamsburg, Inc.

Detroit, Mich. Redrawing of the original plan.

Buffalo, N. Y. Redrawing by Turpin C. Bannister.

New York City. Redrawing by Turpin C. Bannister.

Lowell, Mass. in 1839. From "The Massachusetts Historical Collection," Courtesy New York Public Library.

Mohenjo-daro. From Sir John Marshall. Courtesy Government of India, Copyright by Arthur Probsthain.

Peking. Plan de la Ville Tartare, by Joseph Nicholas de L'Isle, 1765.

Butstadt. From Zeiller-Merian. Courtesy New York Public Library.

Brighton, Mass. From "The Massachusetts Historical Collection." Both courtesy New York Public Library.

Vienna. From Zeiller-Merian. Courtesy New York Public Library.

Piazza San Marco. From Gromort "Les Grandes Compositions Exécutées."

The Capitol, Rome. From Piranesi's "Views of Rome." Courtesy New York Public Library.

Piazza Navona, Rome. From Piranesi's "Views of Rome." Courtesy New York Public Library.

Château de Villandry. Courtesy Avery Library, Columbia University.

Haussmannized Paris. Photo from Ewing Galloway.

Litchfield, Conn. Photo from Ewing Galloway.

Philadelphia. From the I. N. Phelps-Stokes Collection. Courtesy New York Public Library.

New Haven. Air-map by Everett H. Keeler, reproduced by permission Yale University Press.

Washington. From the I. N. Phelps-Stokes Collection. Courtesy New York Public Library.

Utica, 1807. From a water-color by Baroness de Neuville; the I. N. Phelps-Stokes Collection. Courtesy New York Public Library.

Utica, 1850. From the I. N. Phelps-Stokes Collection. Courtesy New York Public Library.

Oklahoma City. From the I. N. Phelps-Stokes Collection. Courtesy New York Public Library.

Chatham Village. Plan courtesy of the architects.

Model Town. Plan and text from American Journal of Science and Arts, 1830.

Air View.

A typical small town. Photo from Ewing Galloway.

"Society as whole. . ." All photos courtesy of Chicago Plan Commission.

The Burnham Plan. From the original report.

Planning Areas, Chicago. Courtesy of the Chicago Plan Commission and Fortune Magazine.

Not the heart. . . Photo from Fairchild Aerial Surveys.

Main Street anywhere. Photo from Ewing Galloway.

City Planning, Philadelphia, 1870.

The Same Area Replanned, 1925. Plans and captions of this and the above from "Plans for the Small American City," by Russell Van Nest Black.

County of London Plan. Courtesy Macmillan, Ltd.

Fantasia. Plan and text, permission Architectural Forum.

Chatham Village. Photo courtesy the Buhl Foundation.

Baldwin Hills Village. Photo courtesy Clarence S. Stein.

Queensbridge Houses.

The New Approach. Courtesy the Los Angeles City Planning Commission.

Comparative Study of Land Development. Both plans from "Land Subdivision in New Jersey." New Jersey State Planning Board.

Hilton, Va.

Hampstead Garden Suburb.

Acquackanonk Village.

Baldwin Hills Village. Courtesy Clarence S. Stein.

Finis. Photo by Tet Borsig.

终结